80余种耐阴植物图鉴

背阴花园设计与植物搭配

日本NHK出版 编　[日]月江成人 监修　光合作用 译

目 录

JBP-M.Takeda

欢迎大家随我走进背阴花园

这是我与耐阴植物结缘的一条小路

在日本惠泉女子学院大学部的校园里有这样一条小路，一株大樱花树伫立于小路的一侧，它繁茂的枝叶下自然形成一片树荫，给下方的植物以庇护。枝叶遮住阳光却遮不住美景：花叶玉簪和大吴风草弥补了花朵的不足，龙牙草‘黄金叶’等彩叶植物的叶片恣意地伸展着。待6月乔木绣球‘安娜贝尔’和紫斑风铃草开放时，便给这片深深浅浅的绿添加了白色和淡紫色，走在这条小路上，仿佛时间都变慢了……

JBP-H.Imai

H.Imai

狭窄的小路也可变成花园

上图是一条夹在自家围墙与邻家围墙之间的小路，宽度只有70cm，但经过不断地尝试，搭配适合的植物，同样可以变成一个“秘密花园”。凤尾蕨、铁线蕨、地锦等观叶植物的状态都非常好，或许正是因为两面墙遮住了冷风，才能让一些耐寒性较弱的植物长得这么茂盛，在这条狭窄的小路上大放异彩。

背阴花园的独特魅力

与阳光充足、花做主角的院子不同，背阴花园别有一番魅力。就像左图这个小院，显眼的花只有粉色的菊科裸菀属植物，但是其四周有玉簪、矾根、箱根草等观叶植物，将不同颜色和形状的叶片巧妙地搭配，反而衍生出一种低调却又不失华丽的高级感。特别是中间这株玉簪‘寒河江’，大叶片慵懒地伸展着，耀眼得让人移不开目光。

H.Imai

蓬勃生长的植物就是整个院子的亮点

左图这个别有生趣的背阴花园，是由南侧邻居家的墙和两株茂密的落叶树造就的。一条蜿蜒的小路带领我们走进院子：玉簪、鬼灯檠，橐吾……

路两边的植物都是主人经过长时间探索寻找出的最适合的植物，主人再根据它们的特质和形态搭配出如此有律动感的花园。

吟味叶之美

右图角落里有一株植物，它圆鼓鼓的叶片呈深绿色，表面还有一层茸毛，这是可爱的虎耳草。在它上方有一株日本蹄盖蕨，银色叶片犹如轻盈的羽毛。隐藏于层层绿叶中的，有跃动感的花叶玉竹和大吴风草、叶片充满光泽的八角莲，以及叶片有一条条褶皱的虾脊兰……各种颜色、有质感的叶片巧妙组合，演绎出一种宁静之美。

H.Imai

如何打造一个完美的背阴花园?

可能大多数人觉得背阴地不适合植物生长，没法打造美丽的花园。其实在背阴处，植物同样可以健康生长，只要记住以下几点，你就能打造出一个充满魅力的背阴花园。

1

了解背阴地的类型

提到背阴地，大多数人的印象就是阳光被遮挡形成阴影的地方，或是被茂盛的树木遮挡的地方，或是被建筑物遮挡形成的地块。其实背阴地的环境千差万别，有的位置会随着季节变化；有的则终日不见阳光，整个空间比较昏暗；还有的可以照到一段时间太阳……

或许大家以前只是对背阴地有个模糊的印象，经过笼统的讲解，希望大家首先可以有一个简单的了解，后面我们会详细为大家介绍。

（→ P10 背阴地类型）

2

根据环境选择最适合的植物进行搭配

有很多人不考虑自家院子的环境，只按照自己的喜好来选植物，结果使植物叶片变干，甚至导致开花情况变差……最终因受打击对造园失去兴趣。其实要建一座美丽的背阴花园，一定要选择耐阴的植物。耐阴的植物中可观花的品种不多，因此我们就需要额外考虑植株的高度、姿态，叶片的形状、大小、颜色、质感等，将除了花之外的元素完美组合。

（→ P17 怎样应对各类背阴地）
（→ 56 利用不同形状和质感的植物）

3

搭建好“舞台”，任植物自由发展

即使选好了适合背阴地生长的植物，但如果没有将环境整理并准备好，植物也无法顺利地生长。耐阴植物原本生长在茂密的森林中，那里的土壤被层层落叶覆盖，最后形成了松软肥沃的腐叶土。所以改良院子里的土壤是成功的关键。

除此之外，如果院子里的树木生长得过于茂密，就需要给它们疏枝，保证院内的光照。相反，当院内直射光太强烈，就需栽种一些较高的树木遮挡阳光。通过人为控制，来增加可种植的植物种类。

（→ P46 通过土壤改良和覆土来调整花园环境）

（→ P48 利用树木控制光照）

4

仔细观察，灵活对待

就算做了万全的准备，结果也可能不如预期，比如，彩叶植物叶片发色不好、叶片干枯、花开得不完美等。相反，也有可能当初觉得难种的植物却状态很好。光照和温度稍有变化，都会直接反映到植物的生长状态上。种下去不是结束，需要时时观察植物的状态，找出最适合自己花园的植物，这才是建造美丽花园的重点。

（→ P59 观察定植后的植物状态）

＊本书内容以日本关东地区以西的温带气候为基准，寒冷的北方以及炎热的南方请根据当地条件灵活调整。

JBP-S.Maruyama

不要因为花园背阴而放弃你的造园梦。首先观察自家花园属于哪种类型的背阴地块，然后根据其类型挑选适合的植物，只要搭配得当，就离你的花园梦更近一步了。

第 1 章

不要因为花园背阴而放弃你的造园梦

月江成人

背阴地类型

建造美丽的背阴花园第一步就是要了解背阴地的类型。你需要知道背阴地有哪些类型，然后通过它来调查自家花园，下面就会为大家详细介绍。

背阴地类型与植物的关系

夏季的环境非常重要

植物的适应能力比我们想象的要强很多，些许的环境不适是不会导致其枯萎的。但是要想维持植物最完美的状态，适宜的环境还是非常重要的。

那么对耐阴植物来说我们最需要考虑的就是其生长期，它们的生长期一般在 6~9 月。这个时期，大多数地区的气温会超过 30℃，显然这个温度是非常不适的，植物会出现各种问题。

最大的问题就是枯叶，高温会导致叶片水分蒸发过盛。而耐阴植物较其他植物所需的水分更多，如果不能从根部及时补充水分，就极易引发枯叶。除此之外，夏季强烈的直射光也是引发枯叶的另一因素。

因此本书将会以夏季（6~9 月）的日照条件为基础，将背阴地分为 4 种类型，并分别为大家介绍其对策。

当然日本北方夏季温度可能不会有那么高，日光也没那么强烈，大家可以灵活处理。

冬季到春季的环境也不容忽视

除了生长期在春季到秋季的植物外，耐阴植物中还有一些是早春开花，夏季落叶休眠的。像铁筷子属的植物，就是秋季开始生长，夏季进入半休眠期。

对这类植物来说，最合适的生长环境就是落叶树下。从晚秋落叶后到枝叶繁茂的晚春可以维持充足的光照，而初夏到初秋可以保证阴凉。将春季到秋季在树荫下生长的植物和夏季（半）休眠的植物组合，就可以让花园四季都有不同的美景。

一般因建筑物和常绿树形成的背阴地，基本一整年都是阴暗的。特别是到了冬季，太阳位置较低，则会更暗。这种类型的背阴地是不适合夏季（半）休眠植物的，强行种下会导致花量减少或者开花情况变差。不过像铁筷子这样具有一定耐阴性的植物就没什么问题。

背阴地类型

本书以 6~9 月的日照条件为基础，将背阴地分为 4 个类型并分别为大家介绍。

无日照地块

没有直射光，
甚至连散射光都非常微弱的背阴地

这种类型的地块，基本终日不见太阳，连散射光都非常微弱。无日照地块大多数是被建筑物等包围形成的细长空间。这样的环境种植绣球很难开花，即使开花也只能开几朵。

有散射光地块

虽然没有直射光，
但有一些从树叶间透过的光或散射光

这类地块通常没有直射光，即使有也只能照到一小部分区域。此种地块的成因并不单一，有的是因落叶树挡住大部分直射光形成的；有的是因周围相对开阔，有从上空照射的散射光；还有的是周围的建筑和道路带来的散射光……有散射光地块种植绣球的话，是可以正常开花的。

短日照地块（上午有阳光）

上午 10 点前有光照

短日照地块是指一段时间内有光照，一般会分上、下午。上午的话是在 10 点前有光照，这时温度不太高（没达到 30℃），这段时间内的光照是非常珍贵的。对比有散射光地块来说，其日照条件要好得多，可栽种的植物种类也多一些。

短日照地块（下午有阳光）

从上午 10 点到下午有光照

此种类型的地块，一般从上午 10 点到黄昏有几小时的直射光。而盛夏上午 10 点后温度就可能达到 30℃了，这种高温强光照的环境容易引起枯叶，甚至可给植物带来致命的影响。

背阴地的成因

背阴地通常是因建筑物、树木等遮挡阳光形成的，而散射光的有无则会直接决定背阴地环境的明暗。

四周较开阔的背阴地，会有从上空照射来的散射光，整个空间不会太暗

房屋近旁就有高墙或者树木，这种背阴地通常会比较昏暗，甚至连间接光都没有

调查花园环境

在夏至前后调查花园的日照情况

如果想知道6~9月的日照条件，只需要在太阳高度最高的夏至（公历6月21日）前后，观察花园一整天就可以了。过了夏至，太阳的高度便会慢慢降低，因此可推测出其前后时期的日照情况，也能判断出花园属于哪种类型。

那么，具体怎么调查呢？首先需要观察，每隔一小时就记录一下花园里背阴地和向阳地的位置。你可以直接在地面画线标注，如果有平面图的话，可以在图纸上标记，还需要记录每个时段的明暗程度。参照第11页的“背阴地类型”来判断自家花园属于哪类。

接下来要判断背阴地是怎么形成的。通常花园的背阴地是因树木和建筑物的遮挡形成的，因此背阴地可能是几种类型的混合，一定要仔细观察。如果是落叶树造成的，那么冬季到春季则会变成向阳面；如果是因建筑物或者常绿树造成的，那么可能一整年都会是阴暗的。

要是花园已经栽种植物，那就更容易判断背阴地类型了。那些状态好的植物，便可以成为一个重要线索。

观察土壤状态

对植物生长来说阳光是必不可少的，和日照条件同等重要的就是土壤状态。耐阴植物的原生地是在树林或林地周边，这样的地方会有落叶不断堆积，因此土壤蓬松并富含有机质。这种土壤也就是我们常说的腐叶土，它可排出多余水分并维持一定湿度，还可经时间推移逐渐释放出养分供给植物。而我们要想让耐阴植物茁壮成长，就要提供类似的土壤条件。

要想了解花园里土壤的状态，需要在下雨后观察。如果几小时后，雨水仍然没有排出，并形成了水坑的话就要注意了。土硬且易结团不仅会导致排水变差，保水性也不佳，土壤容易干燥。这种情况就需要混入腐叶土，补充有机质改良土壤。

另外需要注意，因为墙边、建筑物边以及树下等都不容易淋到雨，而且树木比花草吸收的水分多，所以很容易干燥。虽说要改良土壤，但又不能轻易破坏树根和建筑地基，所以这种地方建议种植较耐旱的植物。

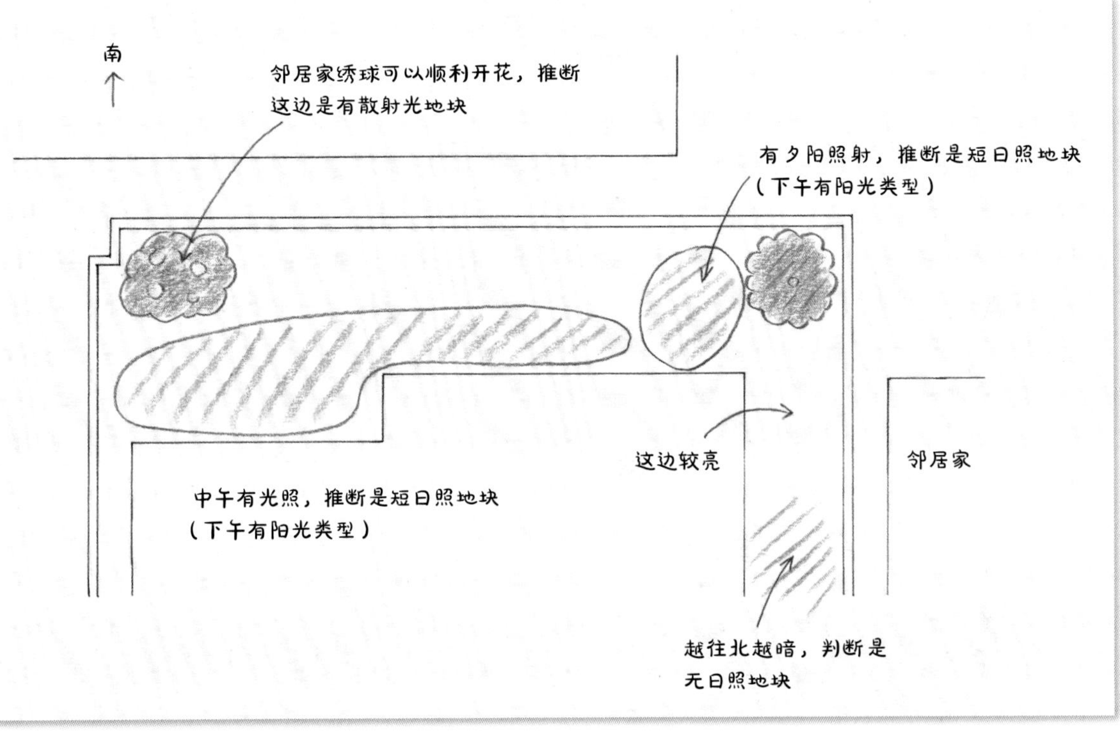

（夏至时给花园的日照条件做调查。如果有平面图可以直接做记录）

夏季的直射光

夏季太阳高度会变高，以往阳光照不到的地方，到了中午也会被猛烈的直射光照到。

那么为什么夏季阳光如此强烈呢？下面为大家简单讲解下。我们以北京为例，北京地区位于北纬 40° 左右，春、秋分北京市正午太阳高度约为 50°；夏至的正午太阳高度约为 73°。假设南侧有一幢高度为 8m 的建筑物，那么春、秋分正午的阴影长度约为 6.7m，而夏至正午的阴影长度则约为 2.4m。明显夏至时可照到直射光的面积增加了。

另外夏季的日出和日落位置也会相对向北移动，所以可接受到朝阳和夕阳光照的地方也增多了。

* 注：正午太阳高度就是当地 12 点太阳光线与地面的夹角。

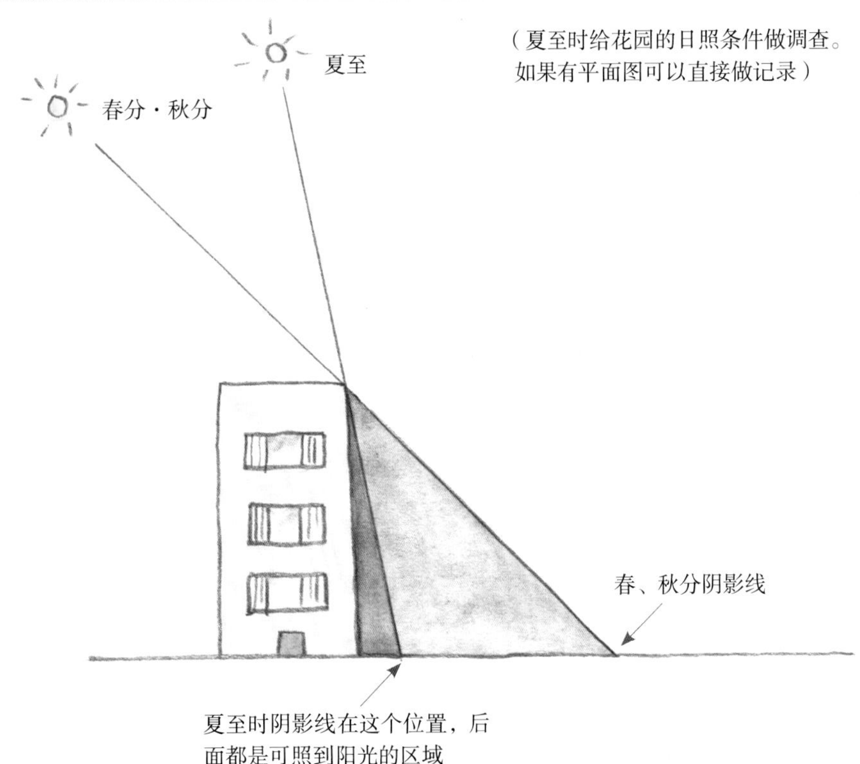

背阴地类型和适合种植的植物

无日照地块适合种植的植物

在自然界有一些植物生长在幽暗的密林中，它们具有很强的耐阴性，即便是光线很弱也不会徒长，相反能健康生长、开出花朵。

这类植物一般是常绿植物，而且叶片颜色较深，花朵不大、不起眼，但果实大都颜色鲜艳。比如蕨类植物和薹草属植物，它们的形态和叶片质感都非常有特点。另外需要注意的是一些花叶品种植物，有的会因光线不足导致斑纹变淡。

紫金牛

秋季到冬季会结出鲜艳的果实

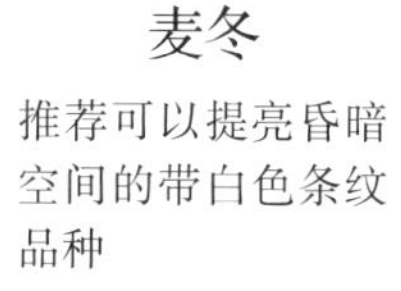

麦冬

推荐可以提亮昏暗空间的带白色条纹品种

有散射光地块适合种植的植物

生长在森林周围的耐阴植物，基本都可以在这种环境中健康生长。它们大多可以开出迷人的花朵，有一些是花叶品种，还有的形态和叶片质感很有特点。可利用的植物非常多，可以尝试各种搭配组合。

带白色或淡色斑纹的品种怕直射光，因为极易引发枯叶，种在有散射光地块就非常适合。就像带白色斑纹的园艺品种和青色系园艺品种的玉簪，都比较容易晒伤，所以很适合这个类型的背阴地。

泽八仙花

花叶品种在花后也有看点

玉簪（青色系品种）

因叶片容易晒伤，所以适合有散射光地块

短日照地块（上午有阳光）适合种植的植物

自然界中有一些生长在森林周边的植物，它们生长所需的光不多；还有一些生长在阳光充足的地方，但几小时的光照便足够使其开花。上述类型的植物短日照地块都可以利用。

那么具体有哪些推荐呢？你可以尝试种植不耐干燥土壤和高温的落叶树；或者一些园艺品种玉簪（青叶和黄叶系）、花叶品种的蕨类，适当的光照会让其斑纹的颜色更加明显；也可以试试老鹳草和本州金莲花，它们原本是喜光的植物，但比较怕热。所以，像这样难度夏的植物都可以种植在短日照地块。

棣棠花

柔软的枝条上绽放着一朵朵花，非常迷人

优雅蹄盖蕨

亮度高的环境会让斑纹颜色更明显

短日照地块（下午有阳光）适合种植的植物

同样是短日照地块，和上午有阳光的一样，我们需要选择喜光但却有一定耐阴性的植物，每天几小时的光照就可以健康成长，并能顺利开花。

但不同点是，可在下午有阳光的短日照地块生存的植物还需要耐干燥，并且即使接受短时间的强烈日照也不易枯叶。可以尝试下面两种植物。

白及

只要不在极端干燥的条件下，它是可以耐直射光的

水甘草属植物

不管是在阳光充足还是短日照环境下，都可以健康生长

适合种在落叶树下的植物

猪牙花

在叶片开始逐渐展开的春季，充足的光照是必不可少的

JBP-A.Takemae

对大多数耐阴植物来说，落叶树下可以说是一个非常理想的环境了。温度较高的夏季有树荫庇护，而温度逐渐降低的晚秋到春季，叶片枯萎掉落，阳光便可以给植物温暖。

像猪牙花和荷包牡丹这类从早春开始开花、夏季休眠的植物，落叶树下可以说是最完美的环境。因为叶片生长的时间很短，为了让叶片能健全地生长，充足的光照就非常必要，落叶树在这段时期刚好可以提供充足的光照。同样地，落叶树下适合秋季生长、夏季（半）休眠的植物，例如：铁筷子、蓝铃花和原生仙客来等秋植球根植物。

铁筷子

有一定适应环境的能力，冬季到春季需要遮阳

蓝铃花、西班牙蓝铃花、玉簪、矾根等植物在春季的落叶树下肆意绽放它们的美。对大多数耐阴植物来说，落叶树下可以说是一个理想的场所，特别是花期在早春的植物，落叶树是它们的庇护伞，从早春到初夏、再到秋季，伞下的美景会随着季节不断变化

植栽设计·插画　月江潮

个例分析

怎样应对各类背阴地

前文讲解了各类背阴地的特点，下面会分别介绍其种植诀窍，希望可以作为您造园的参考。

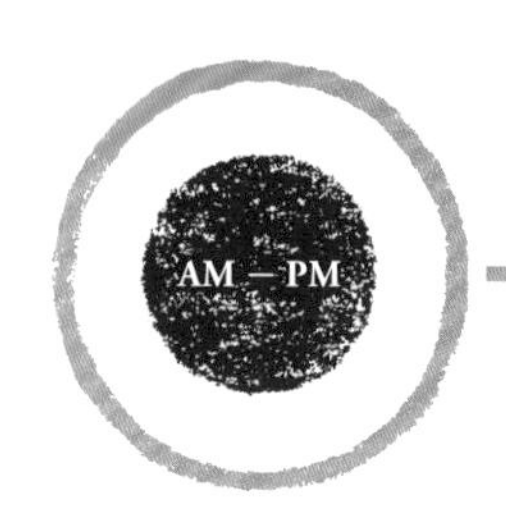

无日照地块

没有直射光，甚至连散射光都非常微弱的地块

环境描述

无日照地块大多数是墙壁或绿篱等物与房屋相夹的细长空间。也可能有一侧是开阔的，但附近有大株的常绿树，它与建筑物的阴影相连才形成了无日照地块。

种植要点

无日照地块所使用的植物大多是常绿植物，叶片颜色也都较深，可开鲜艳花的植物非常少，所以花园看上去单调乏味。那么就需要加入一些姿态、高度以及叶片大小、形状、质感都不同的植物，并将它们进行搭配组合，制造出立体感。也可以考虑花叶、彩叶植物，搭配出色的话，可提亮整个空间，有画龙点睛的效果。不过由于光照条件不好，花叶、彩叶植物也可能颜色没那么鲜艳，这种情况也需要好好考虑。

种植区域里只要有散射光稍微强一点的地方，此处的植物都会向外扩张，所以一定要仔细观察，利用好这一点规律。另外我们还推荐大家使用植物之外的素材来造景，比如点景石、水景、雕像等引人注目的物品，还可以铺踏石或者撒砂砾来做花园小路。

虽然无日照花园的景致没什么季节的变化，但反过来想，它却是一个形态不容易乱、维护成本低的花园，非常适合时间不充裕的人。

适合无日照地块的植物大多是常绿植物，所以一年四季都有景可观。插图所画的是一个无日照背阴花园4月下旬的样子，晚夏到秋季会有开放的秋海棠，初冬则会有紫金牛红色的果实、淫羊藿的叶片以及青荚叶叶落后的枝干。虽然变化不明显，但仍有细微的季节更迭之美

巧妙利用花叶植物和彩叶植物

如果将青木‘炫彩’（a）这样的花叶植物还有黄金青荚叶（b）等彩叶植物巧妙地搭配，会使小院整体氛围变得灵动明亮。当然也有叶色不好导致整体过暗的情况，这时就需要考虑更换植物了

春季可享受清新的香气

使用有香味的花

使用像瑞香（c）和香堇菜（g）这样有香味的植物，可以通过香味感知春季的到来

**因为可使用的植物种类有限，
所以需要着眼于植物的形态、高度、叶形等方面。**

在狭小空间可以缓慢生长的品种

瑞香（c）、青木‘炫彩’（a）、青荚叶‘黄金叶’（b）等植物生长缓慢，不太会横向扩张，所以即使是小花园也可以轻松打理

整体形态特别并富于变化

将红盖鳞毛蕨（f）、蜘蛛抱蛋（e）、斑叶芒髯薹草（h）等形态独特的植物安插于各处，让它们与其他植物在造型和质感上形成对比，也能让整体造型不再单调

1 2 3 4 5 6 7 8 9 10 11 12

a 青木‘炫彩’ 叶

b ‘黄金叶’青荚叶 叶 枝 枝 花

c 瑞香 花 叶

d 秋海棠 花

e 蜘蛛抱蛋‘旭’ 叶

f 红盖鳞毛蕨 叶 新芽

g 香堇菜 花 花

h 斑叶芒髯薹草 叶

i 棣棠花‘金环’ 叶 花

j 紫金牛（白斑） 叶 果实 果实

k 双色淫羊藿‘硫黄’ 花 叶 红叶 红叶

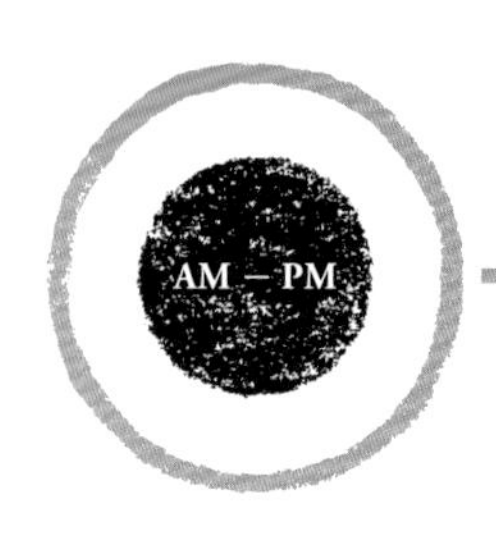

植物搭配诀窍

灵活使用像掌叶铁线蕨这样造型独特的植物

无日照地块可使用的植物种类有限，很难搭配出新意，因此我非常推荐大家积极使用独特有个性的植物。例如掌叶铁线蕨，它姿态轻盈、枝条伸展，还有纤细有质感的叶片。让它与长着圆圆叶片的橐吾搭配，可相互衬托对方独特的美。

掌叶铁线蕨

春季红褐色的新芽非常迷人

橐吾

圆滚滚的大叶片是它非常有辨识度的一点

日本茵芋

它是一种常绿植物，在掌叶铁线蕨和橐吾枯萎后就该它登场了，鲜艳的花蕾和果实给沉闷的冬季带来生机

推荐几种和掌叶铁线蕨搭配的植物

八角金盘

因叶片较大，所以非常适合做背景

青木

推荐窄叶品种的青木

铃兰

除了仙气逼人的花，向上生长的叶片也非常清新可爱

无日照花园的植物组合示例：我们知道秋海棠是从晚夏开始开花，在它的脚下种上紫金牛。到了秋季，紫金牛开始结红色的果实，这样冬季秋海棠枯萎后这个角落也不会光秃秃的，而且这两种植物都不娇贵，可以放任其生长

善用花叶植物

无日照地块用植物中深绿色叶片的居多，因此很容易搭配得单调暗淡。如果我们加入一些在暗处也比较明显的花叶植物，一来可以衬托深绿色的叶，二来可以使整个花园都变得明亮。

美丽野扇花

叶片呈深绿色并带有光泽，秋季会结红色的果实

瑞香‘信浓锦’

鲜明的黄色斑将四周照亮

蝴蝶花

叶片富有光泽，花期在4~5月

无日照情况下也容易长出斑纹的植物

羊角芹

绿色的叶片上星星点点地分布着淡黄色的斑点，看上去非常柔和

锥薹草‘雪线’

流线般的外形看起来非常舒服

野芝麻属·花野芝麻

5~6月可以看到花

短日照地块（上午有阳光）

上午10点前有光照

环境描述

短日照地块主要是因建筑物、墙壁或者树木在花园西侧，其四周大多有一定的开阔感，并不是封闭的。

种植要点

虽说光照时间只有几小时也胜于无，所以我们可以使用有一定耐阴性的喜光植物。而且在温度升高的时间段内，此类型的地块正处于阴面，这样就可以减少因土壤干燥等原因引发的伤害，可选的植物种类就更多了，怕热的植物也可以大胆收入囊中。再加入一些美丽的彩叶植物和当季的草花，花园就会更加迷人了！

在植物组合方面需要注意一点：背景不要只种落叶品种的植物。如果只种落叶品种，到了冬季花园后面会看起来非常空，所以要与常绿品种的植物混合种植。落叶树在枝叶繁茂时可以遮挡一部分阳光，而在其落叶后便可以给树下的植物以充足的阳光。所以我们可以将早春开始开花的植物组合种在落叶树下，制造一个一年四季都有花可看的花园。

小诀窍：将腐叶土这样的覆根材料覆于土表，可以有效防止温度升高和土壤干燥等问题，同样可以减少浇水次数，减轻工作负担。

初夏

以彩叶植物为中心，加入各种当季草花搭配组合。早春时岩白菜、杜鹃花、老鹳草会相继开放。夏季同样很美，6月会有紫斑风铃草盛开（图中所绘便是当时的美景），等到盛夏还会有圆锥绣球和玉簪开花。

利用怕热的植物

有一些植物原本是喜光的但又怕热，就像老鹳草，而这类型的背阴地是最适合它们生长的了。将这类植物有效地利用起来的话，选择就更多了

短日照地块（上午有阳光），上午有几小时的光照，
并且比较早，所以不容易引起晒伤，可利用的植物种类多。

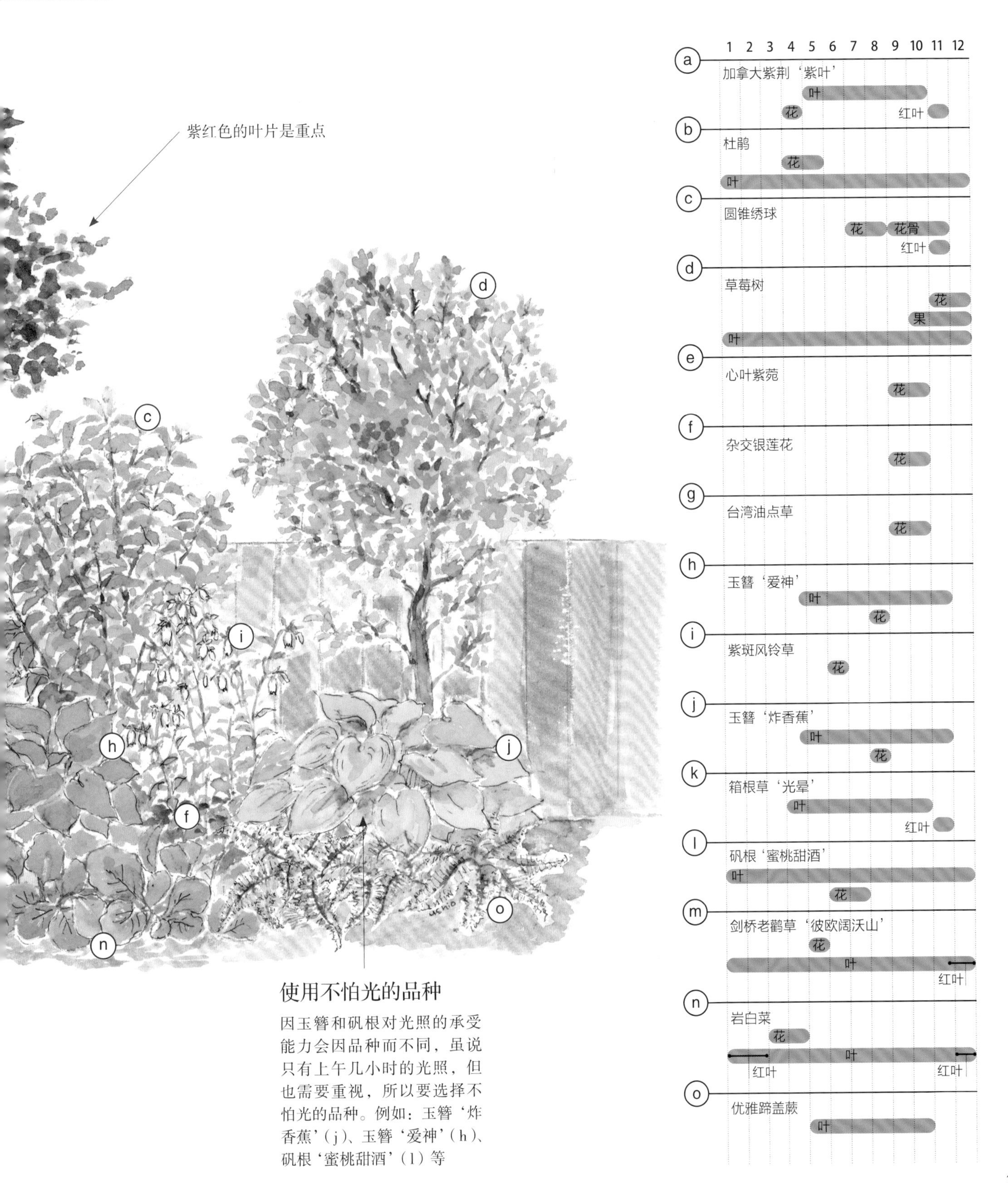

使用不怕光的品种

因玉簪和矾根对光照的承受能力会因品种而不同，虽说只有上午几小时的光照，但也需要重视，所以要选择不怕光的品种。例如：玉簪‘炸香蕉’（j）、玉簪‘爱神’（h）、矾根‘蜜桃甜酒’（l）等

秋

10月中旬，加拿大紫荆‘紫叶’的叶片染上了些许黄色，杂交银莲花、心叶紫菀、台湾油点草这些花草也正值花季。而春季院子里的主角：玉簪和箱根草，则渐渐开始枯萎。

打造秋季的主场

将秋季开花的杂交银莲花（f）、心叶紫菀（e）和台湾油点草（g）搭配起来，打造一个华丽的秋季主场

将常绿植物放在最前面

矾根‘蜜桃甜酒’（l）、剑桥老鹳草‘彼欧阔沃山’（m）、岩白菜（n），将以上几种常绿植物排列种在最前面，这样既可以起到装饰边缘的作用，还能在冬季其他植物枯萎后仍有看点

ⓐ 加拿大紫荆‘紫叶’
ⓑ 杜鹃
ⓒ 圆锥绣球
ⓓ 草莓树
ⓔ 心叶紫菀
ⓕ 杂交银莲花
ⓖ 台湾油点草
ⓗ 玉簪‘爱神’
ⓘ 紫斑风铃草
ⓙ 玉簪‘炸香蕉’
ⓚ 箱根草‘光晕’
ⓛ 矾根‘蜜桃甜酒’
ⓜ 剑桥老鹳草‘彼欧阔沃山’
ⓝ 岩白菜
ⓞ 优雅蹄盖蕨

落叶树与常绿树组合

如果只种落叶树的话，冬季会显得空。所以将常绿的草莓树（d）与杜鹃组合在一起

紫斑风铃草隐藏在玉簪的阴影下

将植物花后的样子隐藏起来

花后的紫斑风铃草（i）品相不如之前好了，考虑到这点我们将它种在有大叶片的玉簪后，就可以将其花后的姿态隐藏起来了

也可以使用这些植物

原生在阳光充足的寒冷地区的植物会比较怕热，如果种在气候温暖并且阳光充足的地方，会很难度夏。但是在上午有阳光的短日照地块，是可以健康成长的。

本州金莲花

落叶宿根植物，5~6 月开花，高度为 30~60cm。喜欢富含有机质的湿润土壤，可以通过覆盖地表的形式来抑制土壤温度升高，使其顺利生长

龙胆婆婆纳

半常绿宿根植物，会在春季开出非常清爽的淡蓝色花朵，株高为 30~45cm。可以通过覆盖地表的形式，来抑制土壤温度升高，使其顺利生长

偏翅唐松草

落叶宿根植物，长到成株后可在初夏开出大量的花朵，叶片形态也非常有个性，株高为 90~150cm

普通假升麻

落叶宿根植物，既有株高 30cm 的小型品种，也有 1.5m 高的大型品种，花期在 5~6 月

可在短日照地块（上午有阳光）尝试这些植物组合

这个花园四周被高大的树木包围，西侧有建筑物，是一个像口袋形状的花园。上午有几小时的光照，所以山绣球和栎叶绣球都能顺利开花，像少花蜡瓣花、粉团（变种）这样的花树也可以种植。花园好几处都种了箱根草‘光晕’，让整个花园看起来是一体的，就像路标一样带你走近小院

将花期相同、开蓝色系花的植物组合

将匍匐筋骨草和柳叶水甘草搭配在一起，柳叶水甘草喜光但也可在短日照环境下种植。它们的花期相同，5月你就可以体验到淡蓝色和蓝紫色搭配带来的清爽感了

用矾根深色的叶片来衬托花朵

紫褐色叶片的矾根可将老鹳草的花朵衬托得更柔美。如果你想将两者种在比较温暖的地区，那就需要选择较耐直射光的矾根，比如：矾根‘黑曜石’

将生长环境相同的植物种在一起

我曾将泽八仙花和紫斑风铃草组合在一起，一圈圈蓝色的小花搭配一个个紫粉色的小“铃铛”，形成一个沉静而优雅的组合。两种植物都是自生于林地边缘，生长环境和花期都很相近，管理起来也方便

泽八仙花与优雅蹄盖蕨的清凉感组合

在泽八仙花下方种植优雅蹄盖蕨，银绿色叶与白色花朵这组简单的配色，可让人感受到初夏的清凉。其实这个组合也可用在有散射光地块上，但短日照地块的直射光能让优雅蹄盖蕨的颜色更鲜明，所以短日照地块是最优之选

短日照地块（下午有阳光）

从上午 10 点到黄昏有光照

环境描述

下午有阳光的短日照地块基本上是花园从南到西侧有大型建筑物或树遮挡；或东侧和南侧都有遮挡，而西侧开阔。

种植要点

了解过下午有阳光的短日照地块的特点之后，我们知道应该选择即使有直射光照射也不容易晒伤的植物。为了缓解直射光带来的伤害，也可以通过改良土壤、在地表铺上厚厚的介质来防止土壤变干和地温上升。

在喜光的植物中，有一些接受几天光照就可以开花的品种，我们可以利用这些品种来扩大选择。

需要注意的是，有白斑或浅色斑点的花叶植物是比较容易晒伤的，一定要避开。另外即使是同类植物，也会因品种不同而对直射光的表现有差异，就像黄叶系的矾根就比深紫色叶和琥珀色叶的更容易被晒伤；青叶系的玉簪也比绿叶和黄叶系的品种更容易被晒伤。

虽已总结出各种类型背阴地的特点，但不能保证花园的每一处光照条件都是相同的，仍需要观察光照情况，并据此来灵活调整植物位置。

初夏

在向阳的花坛里种了一些自己熟识的宿根草，色彩斑斓的，让人看了心情也愉悦起来。图中为花坛 6 月中旬时的样子，路边青和柳叶水甘草的花已经谢了，北美鼠刺、萱草和非常有存在感的栎叶绣球开始绽放……

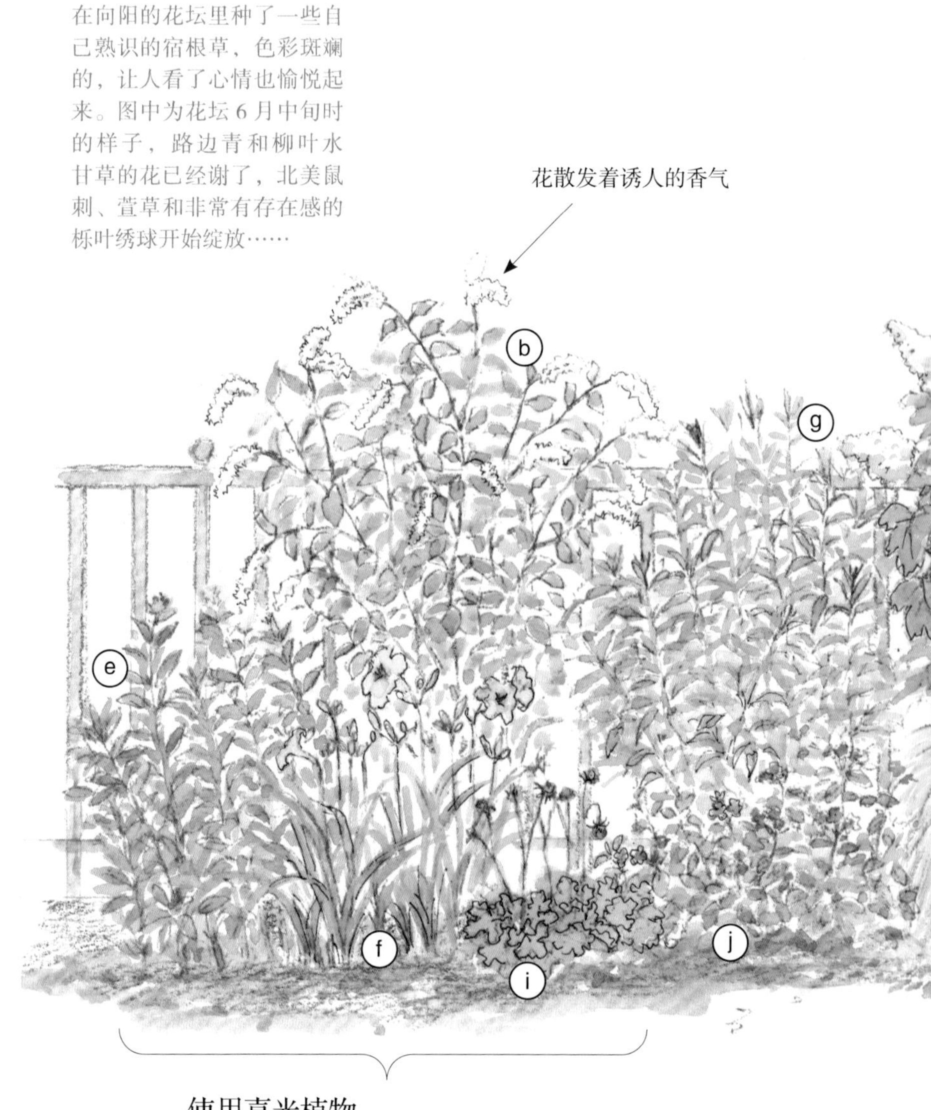

使用喜光植物

福禄考（e）、萱草（f）、路边青（i）、柳叶水甘草（g）本就是喜光植物，所以我们要尽量将它们种在日照时间长的地方

下午有阳光的短日照地块是从中午到下午
有几小时的光照，所以一定要注意不要晒伤。

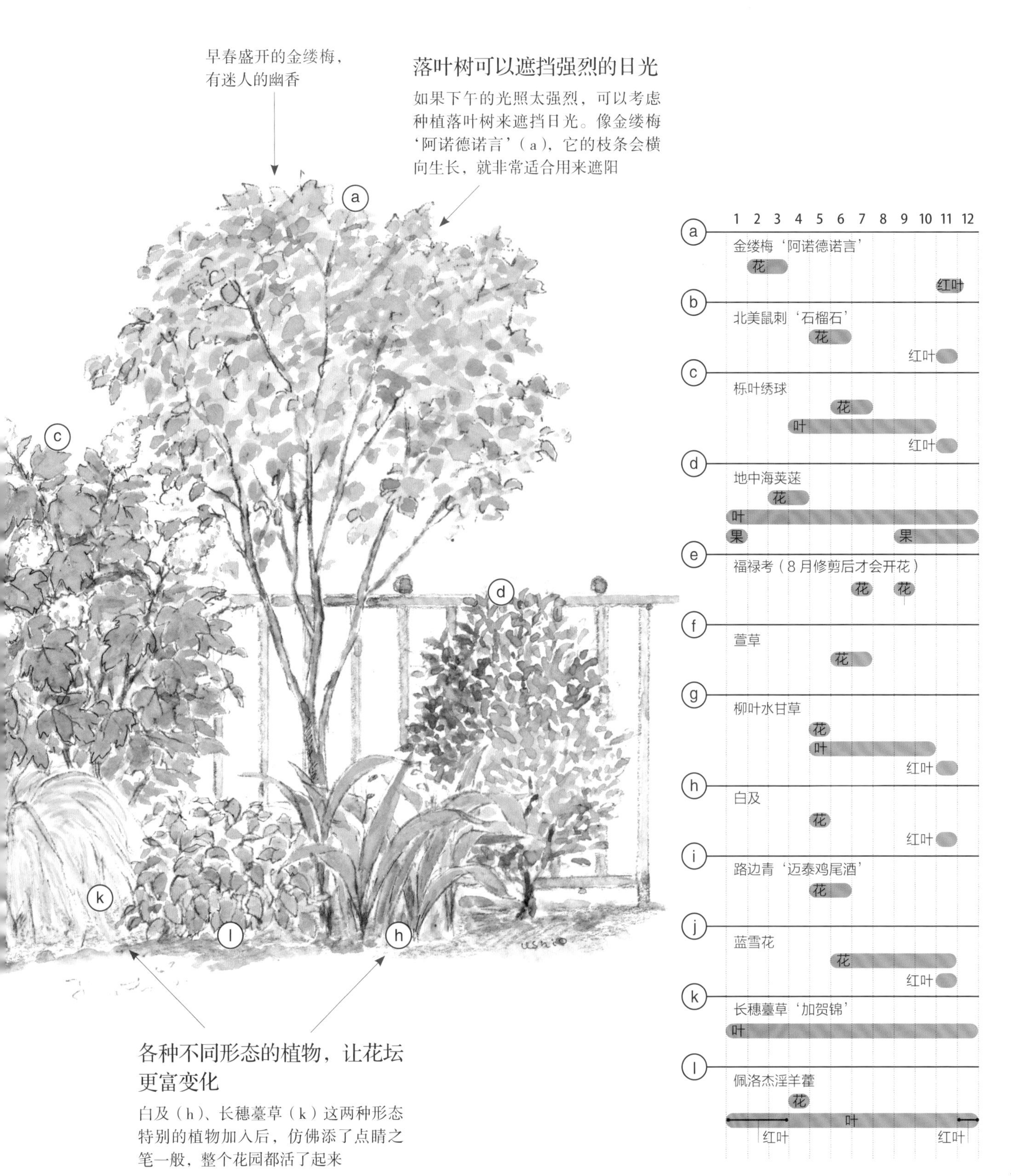

早春盛开的金缕梅，
有迷人的幽香

落叶树可以遮挡强烈的日光

如果下午的光照太强烈，可以考虑种植落叶树来遮挡日光。像金缕梅‘阿诺德诺言’（a），它的枝条会横向生长，就非常适合用来遮阳

各种不同形态的植物，让花坛更富变化

白及（h）、长穗薹草（k）这两种形态特别的植物加入后，仿佛添了点睛之笔一般，整个花园都活了起来

晚秋

早春植物萌芽、夏季花朵争相斗艳地开放，而后便是红叶的季节。花园好像一下子就被上了色，经过短暂的“燃烧”最终叶落，留下几株常绿植物，花园回归平静。

将美丽的红叶植物组合起来

把北美鼠刺‘石榴石’（b）、栎叶绣球（c）、金缕梅‘阿诺德诺言’（a）这些秋季叶片会变红的植物搭配一下，晚秋它们会给你好看的景致

ⓐ 金缕梅‘阿诺德诺言’

ⓑ 北美鼠刺‘石榴石’

ⓒ 栎叶绣球

ⓓ 地中海荚蒾

ⓔ 福禄考（8月修剪后才会开花）

ⓕ 萱草

ⓖ 柳叶水甘草

ⓗ 白及

ⓘ 路边青‘迈泰鸡尾酒’

ⓙ 蓝雪花

ⓚ 长穗薹草‘加贺锦’

ⓛ 佩洛杰淫羊藿

将常绿品种植物安插在各个角落

长穗薹草‘加贺锦’（k）、淫羊藿‘佩洛杰’（l）、路边青‘迈泰鸡尾酒’（i）、地中海荚蒾（d）……在花园各处种植这些常绿植物，冬天花园也有景可看

感受枯黄的草花之美

随着气温逐渐降低，一些落叶宿根植物开始慢慢枯萎，像图中的白及（h）、柳叶水甘草（g）等，它们即使在逐渐变枯黄，同样非常美丽，和红叶搭配组成了一幅绚烂的晚秋之景

还有一整年不变的绿树，也是那么秀丽

以下植物同样可以考虑

喜光植物中有一些只需要接受3小时左右的直射光，就足够开花了。这些植物也可用在上午有阳光的短日照地块中，但在其变阴面的这段时间也要尽量提高空间亮度，这样才能让植物顺利开花。

蜡瓣花‘金色春天’

落叶灌木，树高2m左右。早春会开淡黄色的花朵，花后也有金黄色的叶片可供观赏

彩叶珍珠绣线菊‘粉红冰淇淋’

落叶灌木，树高1.5m。春季会开一簇簇的小白花，发芽的时候全株雪白，然后斑点会逐渐变淡。注意修剪要在初夏进行

路边青

半常绿宿根植物，株型较小，株高只有30cm。春季开花，花量大，有些杂交品种还具耐热性，是个不错的选择

福禄考

落叶宿根植物，株高为60~120cm。可在盛夏长期开放，种在气候温暖地区的短日照处，叶片颜色会更漂亮

植物搭配诀窍

用棕褐色的背景来衬托花朵

下午有阳光的短日照地块是可以种植一些喜光植物的，那样会有许多美丽的花朵。如果用可耐直射光的有棕褐色叶的植物来做背景，会将花朵衬托得更迷人。推荐搭配橘色系、素雅的蓝色系以及粉色系的花。

无毛风箱果‘空竹’

花期在5~6月，会开出手鞠一样的花

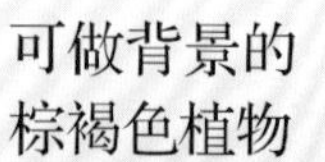

可做背景的棕褐色植物

紫叶加拿大紫荆

酒红色的心形叶片是它独特的魅力

锦带花‘紫铜’

叶片是棕褐色，5月会开出粉红色的花

萱草

通常在6~9月开花，不过也因品种而异

用较矮的植株来装饰底部，不要影响到褐色叶片与花朵的组合，选择朴素些的植物

蓝雪花

夏季到秋季开花

适合与棕褐色植物组合的植物

福禄考

夏季开花，花穗很大，非常吸引人

毛地黄

初夏开花，花朵明艳动人

毛地黄钓钟柳

此类植物有许多品种可选

S.Tsukie

图中花园的种植区域呈“L”形，茂盛的植物像把草坪围起来一般。近处这一片区域由于在大型常绿树下，所以算是一个小型的背阴花园，这块区域到下午会有阳光照进来，由最深处逐渐向外过渡。种在最里面的橘色松果菊和白色山桃草就会在下午沐浴充足的阳光。中部则会在下午 4 点左右到黄昏时照到太阳，这短暂的光照便可维持萱草、紫露草‘甜蜜凯特’健康成长了。而前面这片区域始终有散射光照射，选择不会晒伤的箱根草和玉簪就非常明智了

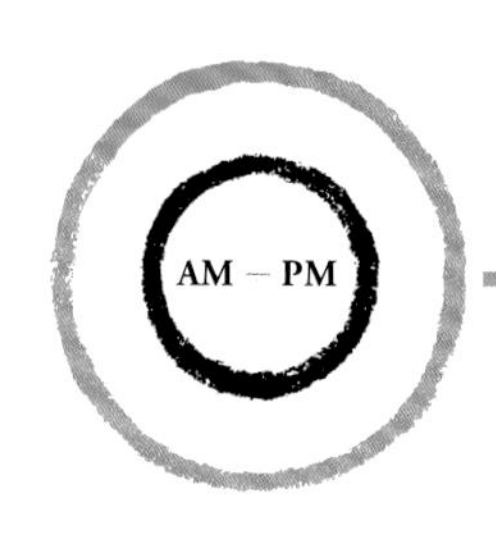

有散射光地块

虽然没有直射光，但有一些从树叶间透过的光或者散射光

环境描述

有散射光的地块，除了因落叶树遮挡形成树荫，还有可能是建筑物、常绿树造成的。另外由于四周环境比较开阔，或者空中照进来一些散射光，亮度高的区域即可算是有散射光地块了。

种植要点

这类地块适合大多数耐阴植物，比如背阴花园的主角们：玉簪、箱根草、落新妇等，而有散射光地块的环境最适合它们生长了。将这 3 种植物完美搭配起来，就可以打造美丽的花园了。

有白色或浅色斑点的花叶植物被直射光照射的话容易晒伤，所以最适合此类地块，不过它们也需要接受适当的光照，这样有利于叶片发色。了解这些后我们就要为它们选一块最完美的地方了，只是再小的花园光照条件也不太可能完全相同。那就需要仔细观察花园，选择有朝阳照到的地方种植，会让叶片更美。

如果背阴地块的成因是大型树木遮挡的话，那么树底是很难淋到雨的，再加上树根会吸收水分，所以树底的土壤非常容易干燥。如果下雨后树底的土壤是半干不湿的状态，而且稍微挖一下就能看到树根的话，就必须要选择耐干燥的植物。

初夏

以会随着季节而变的马醉木和棣棠花等花树为背景，将叶片非常有魅力的玉簪和箱根草，与有着迷人花朵的落新妇和槭叶蚊子草搭配种植。下图便是它们 5 月下旬时候的样子。

此处最适合种植怕直射光的品种

花叶玉簪（g）与青叶系玉簪（j）是怕直射光的，矾根‘青柠鸡尾酒’（m）也容易被晒伤，所以适合种在照不到直射光的地方

ⓐ 鸡爪槭‘占之内’
ⓑ 马醉木
ⓒ 泽八仙花‘九重山’
ⓓ 乔木绣球‘安娜贝尔’
ⓔ 棣棠花
ⓕ 红瑞木
ⓖ 玉簪‘雪帽’
ⓗ 落新妇
ⓘ 槭叶蚊子草
ⓙ 玉簪‘优雅’
ⓚ 双色泽羊藿‘硫黄’
ⓛ 肺草属植物
ⓜ 矾根‘青柠鸡尾酒’
ⓝ 箱根草‘黄金’
ⓞ 铁筷子

遮挡花谢后的植物

为了遮挡花谢后不太美观的槭叶蚊子草（i）、落新妇（h），将较茂盛的玉簪（g）和箱根草（n）种在前面，这样花谢后的样子就看不太出来了

晚秋

11 月鸡爪槭、棣棠花等红叶植物开始渐渐变红，而从春季发芽就开始装点花园的落叶宿根植物也逐渐枯萎。叶落后的棣棠花和红瑞木裸枝，是冬季独特的风景。

冬季的乐趣——观赏裸枝

有一些落叶树，叶落之后的枝条同样非常美丽。棣棠花（e）那绿色的枝条大方地伸展着，还有红瑞木（f）那红彤彤的枝条作为背景，给冬季的花园增添了些个性美

将玉簪夹在常绿植物中

在玉簪（g）的两侧种上双色淫羊藿‘硫黄’（k）和肺草属植物（l）。等到冬季玉簪枯萎了，这一片也有常绿植物可看

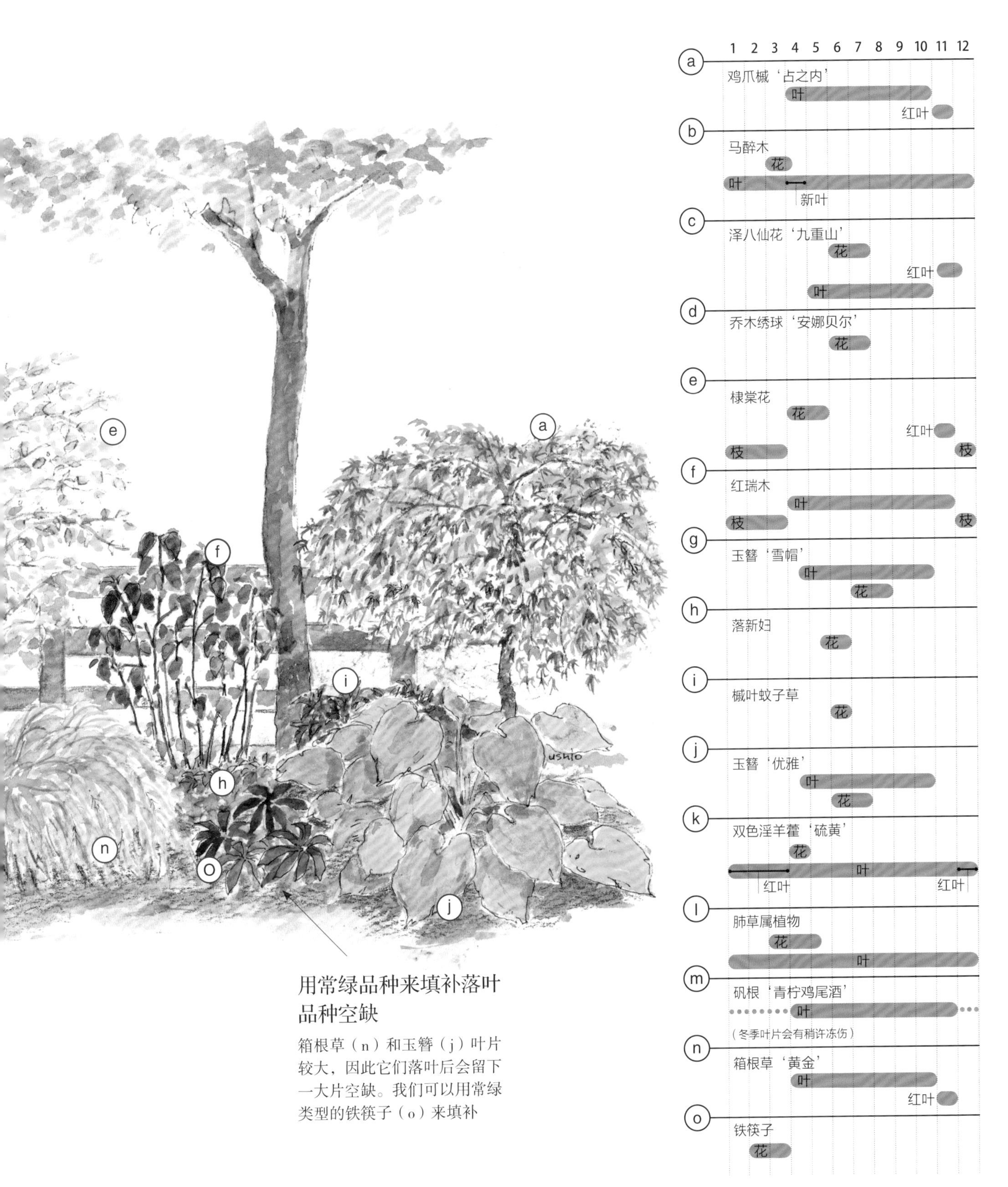

用常绿品种来填补落叶品种空缺

箱根草（n）和玉簪（j）叶片较大，因此它们落叶后会留下一大片空缺。我们可以用常绿类型的铁筷子（o）来填补

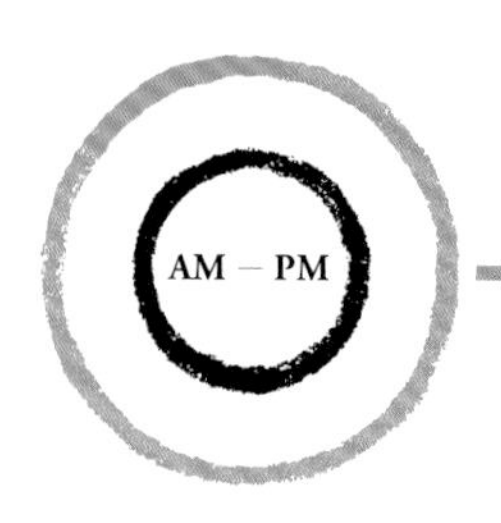

这样的背阴处可以这样组合

活用不同高度和质感的植物

树根处覆盖玉簪属植物，在其后面种植掌叶铁线蕨和斑叶红瑞木。巧妙地利用了它们不同的高度，而且其叶片的形状、质感也可形成鲜明对比，即使没有花朵也能营造出有趣味的景色

玉簪属植物 + 箱根草 + 泽八仙花

背阴花园的经典主角——玉簪属植物和箱根草，再搭配泽八仙花，就能给初夏的背阴花园增添一抹华美。用玉簪属植物和箱根草大面积覆盖地面，可以减少杂草生长，管理起来也更简单

落新妇 + 玉簪属植物 + 栎叶绣球

这是初夏背阴花园的代表性植物组合。落新妇、玉簪和栎叶绣球会相继开花。玉簪的花期长，和漂亮的叶片互相映衬，可长期观赏，晚秋还有栎叶绣球的美丽红叶

JBP-M.Takeda

活用株型富有个性的玉簪

株型富有个性的玉簪“皇家十字”，搭配羊齿蕨和棕红薹草“Frosted Carls”，既富有野趣又相当考究

JBP

JBP-S.Takasaki

用淫羊藿和肺草装点春天

淫羊藿的叶片非常有特点，所以它的观赏点在于叶片，其叶片独特的形状和新叶的颜色是观赏的重点。待它花谢后明紫色的肺草花接续开放，为春天的背阴花园增添一抹色彩

JBP-H.Imai

用橐吾做出层次感

如果只用绿叶容易显得单调，添加铜叶橐吾，既可突出深色的叶片，又能让搭配富有变化

营造落叶树下四季花开的花境

生长期在秋季到春季的植物是佳选

因建筑物和常绿树木遮挡所形成的背阴环境，无论冬季和夏季都是一样的背阴。但是由落叶树所造成的背阴，从开始落叶的晚秋到来年春季，都有阳光照射，这也是此类背阴环境的一大特征。

自然界里与其有相同生长周期、能适应这种环境的植物有很多。例如猪牙花和荷包牡丹等，它们可以在整个春季花开不断，叶片也迅速舒展开，天气炎热后，地面上的部分就会枯萎，进入休眠期。铁筷子和蓝铃花等秋植球根植物也一样，秋季到春季生长。对于这样的植物来说，落叶树下是其最适合的生长环境。

选择两个不同类型的植物

对于像猪牙花那种先开花后长叶、春季到秋季生长的耐阴植物来说，夏季有光照的背阴处是其最理想的生长环境。

利用这个特征，将秋季到春季生长的植物（冬育品种）和春季到秋季生长的植物（夏育品种）组合在一起的话，从早春到夏季，再到秋季，就能观赏到随季节变化的花园美景了。

诀窍是，夏育品种的植株间隔种上冬育品种。早春最先开花的冬育品种落幕后，夏育品种的植物开始舒展枝叶，这样花园不会出现植物空缺，可顺利过渡到下个季节。

秋植球根植物的搭配

和蓝铃花等秋植球根植物组合的时候，可以在春季发芽的多年生宿根植物间分散种植球根植物。球根植物数量越多，开花时便会越壮观，所以需要在每个区块多种几株。在观赏完球根植物后，夏季的宿根植物开始盛放，花园的景色也变得截然不同

照片是荚果蕨中间种植了西班牙蓝铃花。蓝铃花花谢后将全部被荚果蕨覆盖。

●还可以使用以下球根植物做搭配哦

春星韭、葡萄风信子、雪滴花、蓝瑰花、水仙‘旋转’等

遮挡物不同所形成的背阴环境也不同，因落叶树遮挡所形成的背阴环境特征是秋季到来年春季这段时间有日照，因此可以搭配种植从秋季到春季生长的植物。

在玉簪和箱根草之间种植铁筷子

具常绿性的铁筷子生长期是秋季到来年的春季，而玉簪和箱根草的生长期是春季到秋季。铁筷子早春开花的时候，地面还是秃的，这就成了铁筷子独属的舞台。随着季节的推移，铁筷子花谢了，玉簪和箱根草展开美丽的叶片，铁筷子的叶片虽然在夏季还有残余，但已经进入休眠状态，藏在玉簪和箱根草的叶片下完全没问题

S.Tsukie

利用春季开花的品种

雪割草等早春到春季开花的草花品种，适合种在春季发芽、夏季开花的宿根植物中间。雪割草虽然在夏季还有残叶，但是长得矮，在花后几乎看不出来，所以不会妨碍夏季生长的宿根植物。但如果其完全被其他品种的叶片盖住，生长会变得衰弱，所以要好好搭配，让其可以照到一些阳光。照片是 4~5 月开花的福禄考，种在玉簪的边上，花后即使有残叶也不会有太大的影响

●还可以使用以下植物做搭配哦

福禄考（匍枝福禄考）、心叶牛舌草、肺草等

S.Tsukie

种植计划

因落叶树下从晚秋到春季都有光照，所以可以选择一些初春开始开花的植物，比如雪割草。搭配夏季生长的耐阴植物，就能打造出一个一年四季都能观赏的花园了。

春

春季是发芽的季节。玉簪和箱根草等开始从地面冒头，猪牙花‘佛塔’、雪割草和蓝铃花也相继绽放。

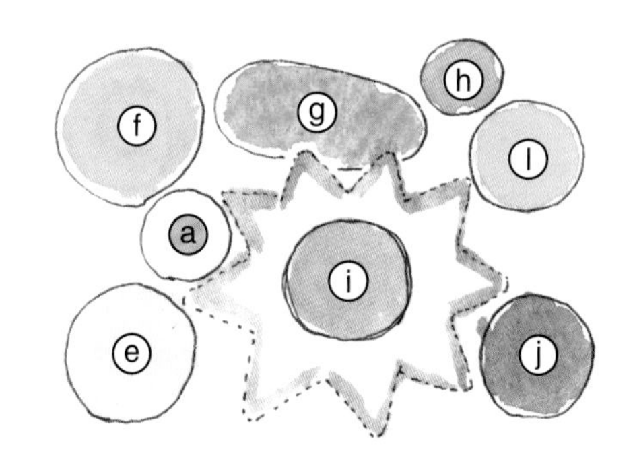

猪牙花（a）春季开花，一个月左右地面的部分就会枯萎，将它种在玉簪（i）旁边，二者生长期可顺利衔接上，玉簪巨大的叶片展开能遮住枯萎的猪牙花，这样花园就不会留有余白

春季落叶树下的花坛里，绵枣儿、雪光花、葡萄风信子等小球根植物和报春花一齐绽放，它们旁边的下季主角——玉簪，叶片即将展开

初夏

这个季节大多数初春开花的植物的地上部分已经枯萎，取而代之的是夏季生长的植物，景色也会截然不同。

适合在落叶树下生长的植物

- ⓐ 猪牙花‘佛塔’
- ⓑ 西班牙蓝铃花
- ⓒ 铁筷子
- ⓓ 雪割草

夏季生长的耐阴植物

- ⓔ 双色淫羊藿‘硫黄’
- ⓕ 泽八仙花‘九重山’
- ⓖ 落新妇
- ⓗ 铃兰
- ⓘ 玉簪‘雪帽’
- ⓙ 肺草
- ⓚ 心叶牛舌草
- ⓛ 乔木绣球‘安娜贝尔’
- ⓜ 矾根‘青柠鸡尾酒’
- ⓝ 箱根草‘黄金’
- ⓞ 玉簪‘优雅’
- ⓟ 槭叶蚊子草

从早春到夏季，再到秋季

早春

铁筷子和早春开放的小花是花园里的主角

3 月下旬，还处于萧瑟状态的冬季花园里，雪割草已沐浴着早春的阳光，绽放可爱的花朵了。虽然它夏季会被其他植物掩盖，几乎被遗忘，但是每年一到这个时候，就会勇敢地绽放

4 月中旬，铁筷子的花季即将结束的时候，肺草的花茎开始伸长，绽放出紫色的花朵。早春的花给春末的花传递着接力棒

春

发芽的时候，花园开始一天天热闹起来

4 月下旬，刚刚开始伸展枝叶的荚果蕨边上，是绽放着蓝色花朵的心叶牛舌草。随着盛夏的到来，植物的叶片伸展开，继而变成花园的主角

因落叶树遮挡所形成的背阴环境，也可以搭配得很美。将不同生长环境的植物组合在一起，就可以打造出一个有四季更迭之美的花园了。下面就是一个背阴花园的四季美景。

初夏

夏季光照减弱，树下变得宁静清凉

6 月，夏季生长的一些观叶植物叶片逐渐展开，花园的样貌也随之改变。色彩斑斓的叶丛里伸出一支落新妇的花穗作为点缀。前不久还是主角的铁筷子被玉簪和箱根草包围，几乎看不见踪影

秋

落幕的时候，释放植物最后的光芒

11 月中旬，枫树和箱根草为花园增添色彩。经过 10 个月的表演，耐阴植物们的舞台也即将闭幕。但是 2 个月后，随着铁筷子的再次绽放，又将迎来新的篇章

P/S.Tsukie

背阴花园设计要点

从调整花园环境的方法到种植计划的建立，再到植物搭配的要点，以及种植后的植物观察方法，我们会逐步为大家详细讲解，让大家的背阴花园变得更美。

植物在休眠期会落叶，叶片落到地上不断累积，变成松软的土壤，而耐阴植物正是生长在这土壤中

通过土壤改良和覆土来调整花园环境

耐阴植物的原生环境

不管你的花园是向阳还是背阴，对造园来说，土壤的改良都是最为关键的一步。考虑到耐阴植物的原生环境，土壤改良就更为重要了。

自然界中的耐阴植物生长在森林及其周边环境中。这样的生长环境中有取之不尽的沉积树叶，所以土壤富含有机养分，非常松软。土壤具极佳的保水性，还能排出多余的水分。更因为表面覆盖天然的腐叶土，在夏季也能保持合适的湿度，还可防止地表温度的上升。

初次建造花园，先改良土壤

耐阴植物不适合种植在有机物少、容易干燥、地表温度高的板结土壤环境，在这种环境下，夏季容易引起叶面晒伤。

要让耐阴植物健康生长，让花园环境接近植物原生地很关键。特别是初次种植植物和有黏土性质的地方，几乎都缺乏有机物，保水性和排水性差，这就需要混入腐叶土进行土壤改良。

非常有效的覆盖层

打造背阴花园的步骤中，和土壤改良同样重要的是在土壤表面用腐叶土等进行覆盖。尽量盖得厚一些，最低需要覆盖 5cm。这样可以降低地面温度，并能保持适宜的湿度，即使是夏季，植物也不容易受伤，同时可以防止杂草的生长。

在花园的土壤表面覆盖厚厚的一层腐叶土等介质，可以给土壤补充有机营养

坑里的树根，砍下并捡出来

土壤改良方法

以前没种植过植物，或是有黏土性质的地方，都可以用这个方法改良。需要挖一个足够深的坑，这样才可以使有机物充分融入土壤。如果种植草本植物，30cm深就够了。有机质推荐大家使用完全发酵的腐叶土。

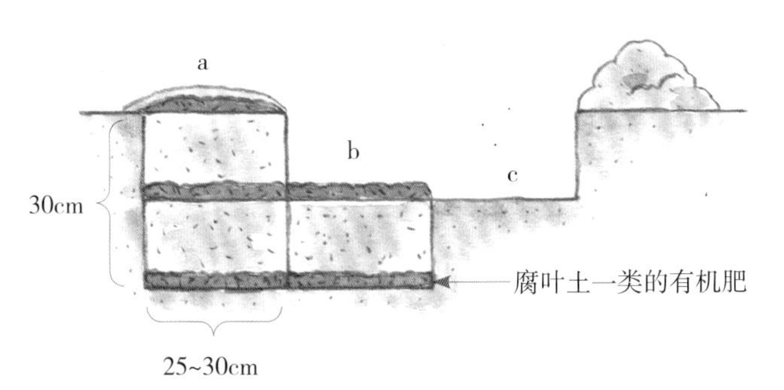

按图示循序挖掘，填入3层有机肥，最后整体耕种的时候，可以充分混合有机肥

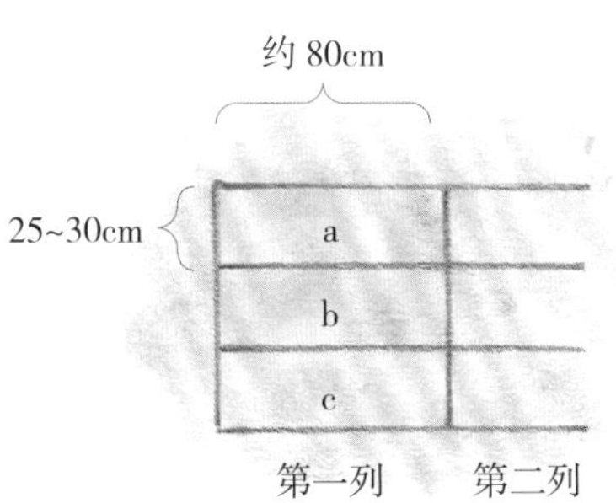

由于一次性挖完非常吃力，还要搬运土壤，所以要把80cm的长度进行分割，第一列结束后挖第二列，按这样的顺序作业。(a)里挖出来的土壤，填入同列最后的沟渠(c)里

1 待挖掘的地方画一个范围，以80cm的长度间隔，这样比较方便挖掘。

2 在画好的范围内挖一个25~30cm宽的坑。去除里面的垃圾和石头。

3 用卷尺确认土坑的深度，挖30cm深。挖出的土放在独轮车里。

4 在土坑a的底部铺入5cm厚的有机肥。

5 紧贴土坑a再圈一个25~30cm宽的范围，挖一个新的土坑b，挖出的泥土填入土坑a。

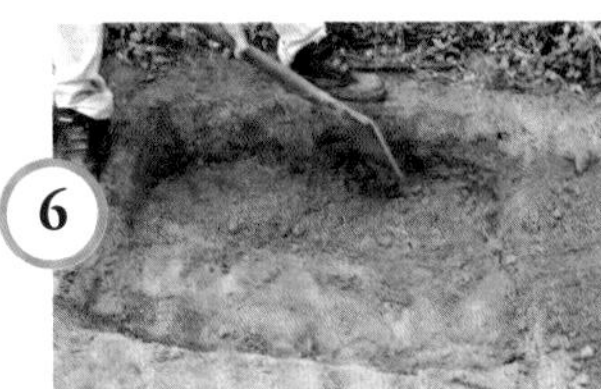

6 填到土坑a一半的深度，把土壤整平。

7 再一次在土坑a里铺入5cm厚的有机肥。

8 挖掘土坑b的同时，填满土坑a。

9 土坑a几乎填满的时候再次铺一层5cm厚的有机肥。

10 再次挖掘土坑b，在有机肥的上面覆盖一层土壤。

11 确认土坑b的深度有30cm后，再次依照④~⑩的步骤操作。

12 全部混入有机肥后，用铁锹将有机肥和土壤充分混合均匀。

P/JBP-M.Takeda

利用树木控制光照

修剪树枝，增强光照

树木长大后，枝条和枝条会互相重叠导致光线变暗，不易开花。这时候可以进行疏枝修剪，以减少树枝的数量。

特别是常绿树的深绿色树叶较多，底部容易阴暗。这种情况就需要把交叉枝和向内生长的枝条剪掉。

修剪树枝的时候，不是只剪掉不要的部分，要从树枝基部修剪。保持自然树形的同时，让大株型变小，树荫也会变得明亮起来。

过密的树林可以考虑砍伐

树太多太密的时候，对树木进行砍伐也是一种办法。树木拥挤，比起修剪树枝，可以通过减少树的数量，让每一根树枝都有空间伸展，这样才会更加繁茂。这样做可以减少修剪的次数，以后的工作会相对轻松很多。当树枝伸长后，树荫面积更大，更适合耐阴植物的生长。

剪枝的方法

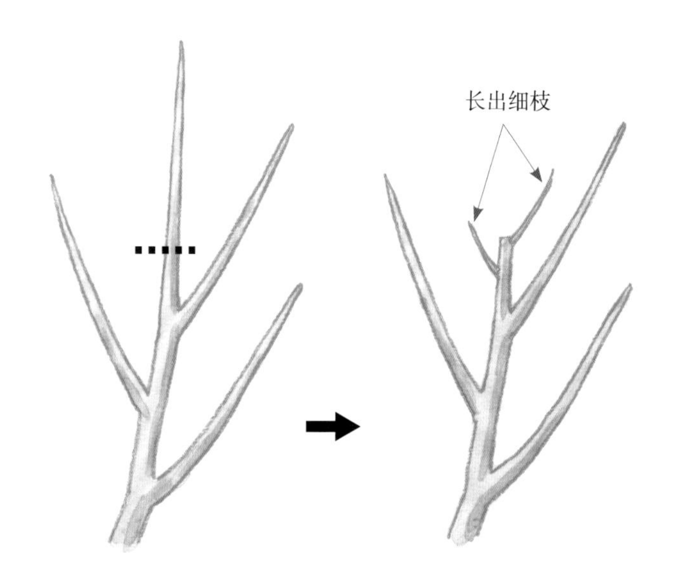

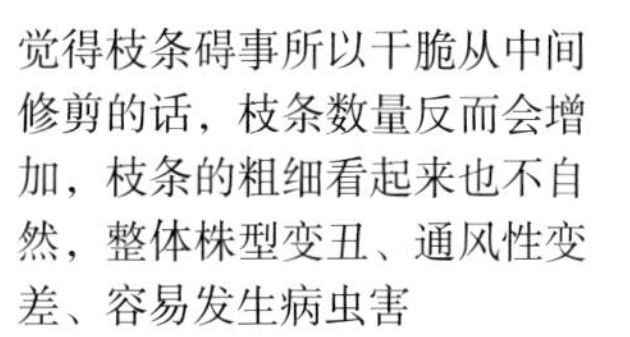
觉得枝条碍事所以干脆从中间修剪的话，枝条数量反而会增加，枝条的粗细看起来也不自然，整体株型变丑、通风性变差、容易发生病虫害

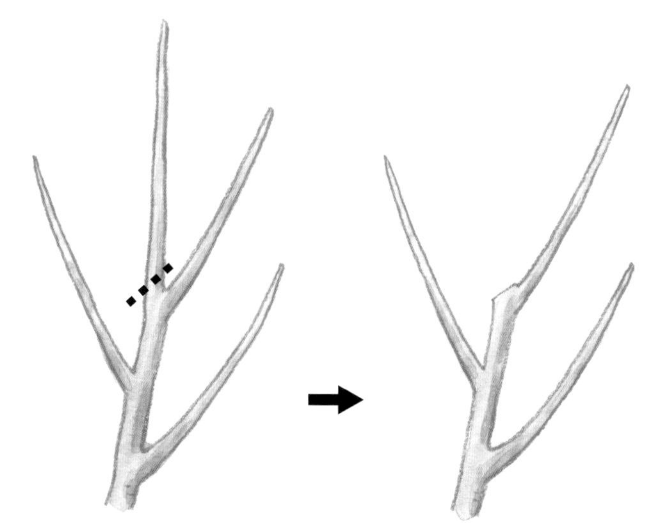

从枝条的基部开始修剪，株型不凌乱，枝条也看起来有型

种植落叶树营造背阴环境

在有强烈直射光的地方，可以通过种植落叶树来制造背阴环境。为了便于管理，可以选择书中推荐的高度在 10~20m 的树。比这更高的树木管理起来会很困难，应尽量避免种植。

自然界中的落叶树根部有落叶覆盖。花园里为防止土壤干燥和地表温度升高，可以在土壤里混入充足的有机肥，然后覆盖腐叶土。如果为了更美观，清扫掉树木根部的落叶，反而会让树木生长环境恶化。所以把落叶留在土壤上作为前提来建造花园比较好。

在靠近落叶树的根部，种植上淫羊藿、岩白菜、宽苞十大功劳、地中海荚蒾、金丝桃等耐干燥的植物，这样太阳光不会直接照射到根部，和使用覆盖物是同样的效果。

适合营造背阴环境的落叶树

加拿大唐棣

●株高 4~8m
●株幅 4~8m

非常推荐大家用它作为纪念树，它的花期和染井吉野樱花相同，到时枝条上会开满白色的花朵。到了 6 月，甘甜的紫红色果实成熟，可以生吃；晚秋时叶片变成美丽的紫红色。很健壮，容易栽种

紫薇花

●株高 4~8m
●株幅 3~6m

紫薇花适应能力非常强，不管是炎热还是干燥的环境都没问题，甚至在三伏天都可以开花。如对徒长的枝条进行强剪，长出的花穗更大，当然维持自然株型也会开花，虽然花穗较小，也不失自然趣味

四照花

●株高 5~10m
●株幅 5~10m

四照花株型独特，枝条斜向上生长。6 月左右开花，花型较大，白色的总苞片非常吸睛。秋季结出可以生吃的果实，也可观赏到红叶。不适应极度干燥的环境，但是日本的原生种具有耐热性，易栽培

落霜红

●株高 3m
●株幅 2m

落叶灌木，从地面伸出若干树干形成分枝。虽然花朵不显眼，但秋季结出的红色小果在落叶后也可长期观赏。植株结实健壮，不过在有强烈西晒的环境下，还是推荐使用覆材保护根部

其他推荐品种

●野茉莉 ●金缕梅 ●红叶属植物（鸡爪槭，羽扇槭）
●夏椿 ●小紫茎 ●红李等

建立种植计划

即使是选择耐阴植物，也不是随便种种就能把花园建造得很漂亮，还是需要纵观花园整体，考量季节性的搭配，设定一个种植计划。花园已经建造好的情况下也要好好观察花园情况，如有必要，可修改种植计划，有计划地替换植物品种。

注意：本次介绍的种植计划，一定要在了解花园背阴地块类型的基础上建立。

种植计划的建立方法

测量院子面积

测量种植空间的大小，根据花园的大小来决定选用植物的大小和数量。如果花园够大，就可以选用高的树木作为花园的纪念树兼背景植物。

打造绿色背景

隔离围墙、电线杆、空调外机……你的花园里是不是也有这些不和谐、想隐藏起来的物件呢？如果有的话，那就栽种一些可作为背景的植物吧，把它们遮挡起来。即使不能全部挡住，至少会变得没那么显眼，让花园整体有统一感。

背景植物除了能起到遮挡作用外，还可以衬托花朵，让花看起来更迷人。只要院子面积允许，就可以尝试种植背景植物。除了落叶品种，还可以掺杂栽种一些常绿品种，这样院子在冬季也能充满生机。

布置核心植物

通往玄关的小路、需要保持清洁的场所，以及前庭这种受瞩目的地方适合种植什么样的植物呢？这些地方需要种植健壮并且易打理的核心植物，这样既可以维持美观，又无需费心维护。

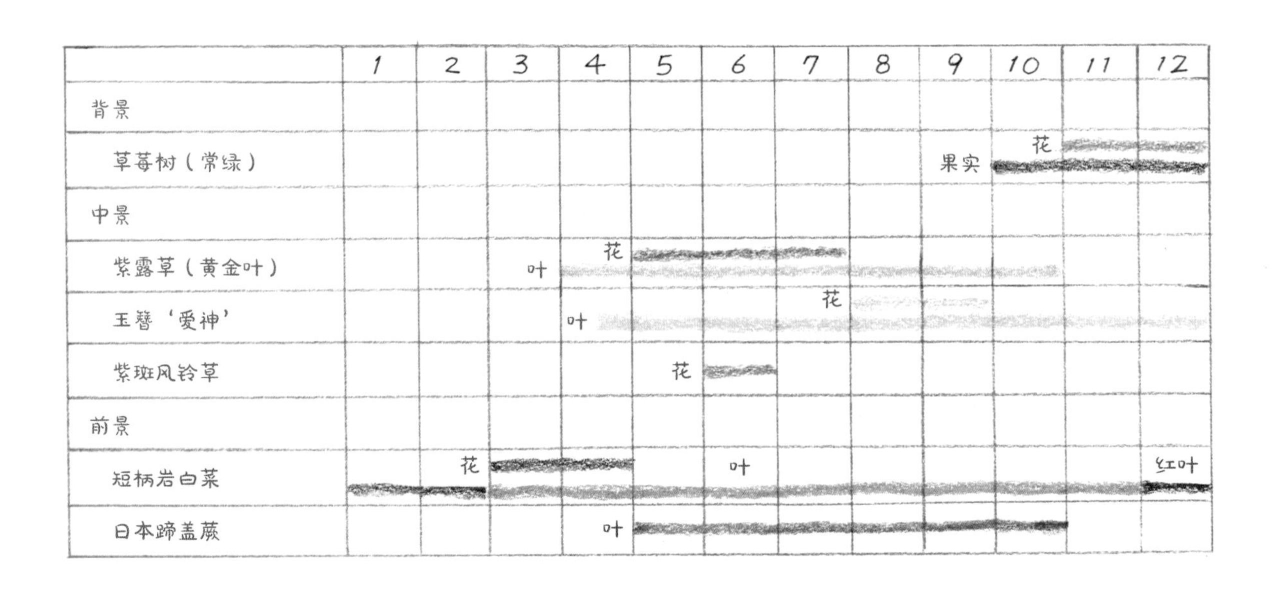

	1	2	3	4	5	6	7	8	9	10	11	12
背景												
草莓树（常绿）									果实	花		
中景												
紫露草（黄金叶）			叶	花								
玉簪‘爱神’				叶			花					
紫斑风铃草					花							
前景												
短柄岩白菜		花				叶						红叶
日本蹄盖蕨				叶								

考虑中景和前景植物的搭配

参考花园面积，按照近低远高的原则来搭配前景、中景、远景植物。同时不要忘记季节变化，让核心植物周围的空间更充实。

以初夏的植物搭配为重点

基本上耐阴植物在初夏（6~7 月）会达到最完美的状态，我们以初夏为中心来思考如何搭配，有以下三个重点：

- 思考不同的花色如何搭配。
- 思考叶片颜色不同应该如何搭配。
- 思考不同株型和质感的植物应该如何搭配。

如何从夏季过渡到秋季

以初夏为中心进行组合搭配，到秋季（9~11 月）会变成什么样？如果有必要，我们可以追加种植一些植物。

- 如果到时候全是绿叶，彩叶植物和斑叶植物太少，还没有花看的话，可以考虑添加秋季开花的植物。
- 花园里要是有可赏红叶的品种，可以添加一些和红叶相称的植物，让秋季的景色更加完美。

思考冬季的景象

到了冬季，落叶植物地上的部分已经枯萎。

- 在每 2~3 棵落叶植物中间植入常绿植物，冬季会显得不那么空。
- 作为背景的落叶树也可以选择树皮、枝条有观赏价值的品种，这可是冬季花园中为数不多的彩色，一定要好好利用这一点。

设想早春的花园

初夏开花的那些多年生宿根植物，春季叶片还未展开前（3 月至 4 月上旬）是什么样子呢？想象这些小苗的样子进行搭配。

- 如果花园的环境能种植一些早春开花的宿根植物和秋播的球根植物，可以好好搭配下。

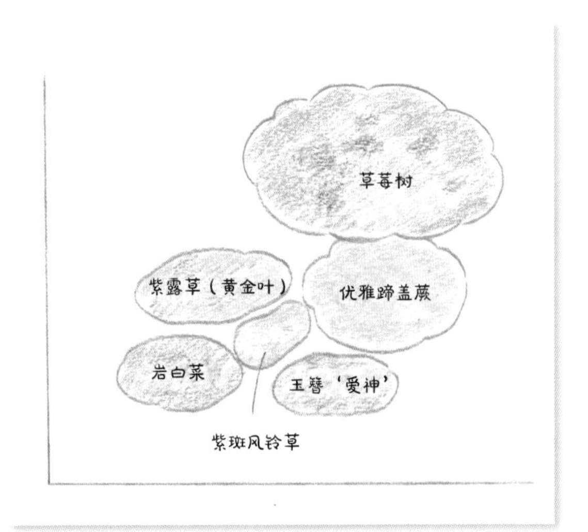

植物观赏期表最好和植物配置图一起制作

利用核心植物

病虫害少且有魅力的植物

植物种得多了，你一定会发现有一些植物不需要特别照顾、不怎么浇水也可以生长旺盛，这些植物也基本没有病虫害，每年都能保持美丽的姿态。还有的叶片颜色、株型、质感等很有特色，富有魅力。如果观赏期还很长，那就更完美了。

这样的植物可以作为核心植物，种植在玄关处和花园中的焦点位置，这样不用太费心照顾，也能一直欣赏美丽的姿态。

此外，把核心植物种在中心位置，周围搭配种植一些纤细的植物。在酷暑环境，即使周边植物有损伤，花园的美观度也不会有所改变。

核心植物的选择方法

不同地域适合的核心植物是不同的，而且即使处在同一地域，环境也会有差别，一点点的差别都可能导致植物状态变差。

那要如何确定哪些植物适合自己呢？最靠谱的方法就是：在自己的花园里种植各种各样的植物，找出长势良好的品种。也可以观察家附近哪些植物比较多，这些植物也可能适合自家花园。

代表性核心植物——玉簪

玉簪是原生于中国和日本的耐阴植物，由于是原生地，所以日本有非常多的品种。其叶片颜色和尺寸各不相同，还有带花香的品种，是一种非常富有魅力的植物。在日本关东和关西地区城市周边的野山上都有原生种。不管是炎热的南方，还是寒冷的北方都能种植，它是背阴花园里最常见的核心植物。

如果把玉簪作为核心植物的话，我推荐种植株型大的品种，它绝对够吸睛。可能你的花园比较狭小，不过与其将几个小型植物的组合做核心，不如种大型植物再搭配小型植物，可以营造出花园的进深感，丰富花园的景色。

适合南方温暖地区种植的核心植物

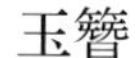

玉簪

绣球

箱根草

杂交银莲花

种在显眼的门面处

由于这些植物不需要特别照料也能维持美丽的姿态，所以最适合放在通道和玄关处等显眼的场所。照片是箱根草，从春季到晚秋都可观赏，超长的观赏期是它的亮点

作为主角植物

将核心植物种在中心位置，然后在其周围种一些开花时可以衬托核心植物、花后也不失魅力的植物。由于花后核心植物会再放光彩，所以周围植物没有了花也不违和。照片是玉簪和紫斑风铃草的组合。作为替代也可以种植槭叶蚊子草

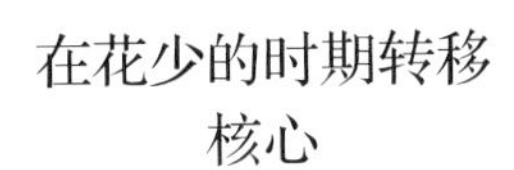

在花少的时期转移核心

从晚夏到秋季这段花少的的时期，杂交银莲花每年都会给花园带来惊喜，成为新的主角。可以将杂交银莲花与紫菀（照片所示）或者杜鹃搭配，来装饰秋日的背阴花园

花园的重心

核心植物很健壮，可以放心作为花园的重心和焦点。照片是培育成大株的玉簪‘寒河江’，将它种在树木的根部，让花园整体的植物主次分明，非常和谐

活用彩叶植物

给背阴花园带来变化，衍生出华丽感

相比向阳环境，背阴花园可观赏的花相对较少，所以不同颜色的叶片是改变花园氛围、增添华美感的要素。积极使用彩叶和斑叶植物，即可创造出富有变化的背阴花园。这些植物大多容易被强直射光灼伤，背阴处非常适合它们生长。

不过有一点需要注意，有的植物在过暗的环境下颜色和斑纹不易显现，一定要事先调查好再使用。

作为一个重点使用

在应用彩叶植物的时候，一定不要同时使用过多的颜色。因为有绿色的陪衬，彩叶才会显眼，成为视觉焦点。特别在狭窄的场所，更要减少颜色数量。使用过多的颜色，反而会变得很杂乱，这点需要注意一下。

斑叶植物不仅仅有颜色，叶片上还有一些斑纹，但斑纹也容易给人以杂乱无章的感觉。所以不要并排种植，要种植在绿叶中间，作为重点使用。

深紫色让绿色的叶片更加鲜亮

这个是龙牙草‘黄金叶’、斑叶萎蕤、矾根的搭配。如果颜色使用过多，容易让整个设计没有重点，但是黄绿色和绿色是近似色，所以不会很突兀，而深紫色的叶片让绿色的叶片看起来更加鲜亮

把斑叶植物作为重点使用

在覆盖地面的深绿色的麦冬和紫金牛间搭配上白斑羊角芹，瞬间就营造出明亮感。把斑叶植物作为一个重点种在绿叶间，非常容易出彩

黄色系的叶片配合蓝色花朵

这是黄叶系的玉簪‘炸香蕉’和叶片整体都散布着斑点的泽八仙花‘九重山’的搭配组合，它们喜欢同样的生长环境，偏黄色的叶片和蓝色的泽八仙花有着无与伦比的对照效果

橙色和黄色的组合

这是橙叶矾根和黄色圆叶过路黄的搭配组合，由于橙色和黄色是近似色，是一个不容易失败的搭配组合。再搭配深绿色的叶片，可以让背阴花园看起来有活力且多彩鲜亮

绿色中加入醒目的银色

在一大片绿叶中，种植富有个性的银色优雅蹄盖蕨，不仅有突出效果，还能营造出张弛感

利用不同形状和质感的植物

姿态可供观赏的植物

有一些植物本身的姿态就非常美，有很高的观赏价值。比如地锦属的荚果蕨虽然不开花，但叶片舒展成喷水状，其优美的姿态深受欢迎，在日本自古以来就作为观赏植物栽培。

注重植物的质感

“Texture”在日语里是“质感”的意思，指植物各个部位表现出的独特视觉效果和触感。大吴风草的叶片有光泽且大而圆，给人一种硬挺又有光泽感的印象。另一方面，掌叶铁线蕨纤细的叶片连接在一起，给人一种纤细又优雅的印象。

搭配植物的时候，它们的株型、形状、质感也都需要考虑进去。可以将荚果蕨和大吴风草这样具有不同株型的植物进行搭配，还可以将大吴风草和掌叶铁线蕨这样具有不同质感的植物进行搭配栽培，这样能营造出植株的变化和空间的深度。

清爽的细长叶片搭配柔软圆润的花朵

这是初夏时泽八仙花‘白扇’和箱根草的搭配组合。箱根草修长的株型和八仙花圆润的花朵有较大的反差，但反而被其柔软的质感巧妙调和了

圆叶和细长叶的对比

这是带黄色斑点的大吴风草‘天星’和斑叶白及的搭配组合。大吴风草那圆润的大叶与斑叶白及纵向的细长叶片形成对比。仅仅是不同的叶片形状就可以组成富有变化的搭配

推荐的植物搭配

一些植物喜欢同样的生长环境，它们的颜色、形状、质感的配合度也比较高。用这样的植物进行搭配不会出错，下面给大家推荐几组这样的搭配，在花园里试试吧。

紫叶矾根＋玫瑰色落新妇

紫叶矾根有突出花朵的效果，特别是搭配玫瑰色的落新妇，两者色系接近，相配度高，是一款适合有散射光的背阴花园的搭配

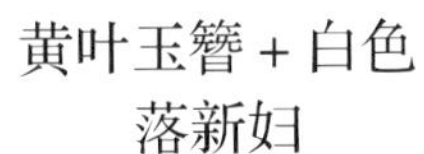

黄叶玉簪＋白色落新妇

圆润叶片的玉簪和落新妇的搭配是有散射光的背阴花园的特定组合。黄色和白色的配色给初夏的背阴花园增添一抹清爽

白色紫斑风铃草＋优雅蹄盖蕨

带有细细刻痕，表情丰富的蹄盖蕨叶片衬托着颜色和形状简约的紫斑风铃草，这是一个富有野趣又有优雅韵味的组合。适合有散射光的背阴花园和上午有光照的背阴花园

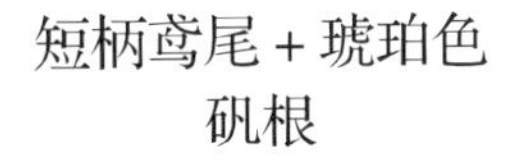

短柄鸢尾＋琥珀色矾根

5月的花园，琥珀色的矾根叶片和短柄鸢尾淡紫色的花朵营造出绮丽的对比效果。两个品种都具有紧凑的株型，即使是狭窄的花园里也可以尝试。适合有散射光的背阴花园

P/S.Tsukie

利用一、二年生的宿根植物

增加有耐阴性的一年生宿根植物

多年生宿根植物和花树大多数花期短，花谢后花园就会变得空落落的。这种情况下，种植花期长的一、二年生的宿根植物不失为一个好办法。

虽然绝大多数一年生宿根植物喜欢日照，但也有像凤仙花这样喜阴的。背阴环境可以让植株在夏季不容易被晒伤，从晚春到秋季都能够赏花。初夏开花二年生的毛地黄也有耐阴性，在有散射光的背阴地同样可以生长。

秋播、喜阳的一年生植物也可纳入考虑范围

从秋季到春季，落叶树下就变成向阳环境了，这时可以种植秋播的一年生植物。特别是角堇和勿忘草，这些小植物柔软且富有野趣，在落叶树下栽培也没有违和感，并且具备一定的耐阴性。

晚秋到来年春季花园容易变得空荡荡的，因为夏季生长的宿根植物在这个时期已经枯萎并进入休眠状态。这时我们可以将角堇等一年生植物像栽秋植球根植物一样，安插在休眠的宿根植物中间，在宿根植物发芽前，由它们接替装饰花园的任务。

JBP-T.Maki

在背阴环境下的花草丛间种植凤仙花和秋海棠，让以矾根和玉簪为主角的植株群变得更加繁盛

晚秋到春季的落叶树下日照充足，适合种植铁筷子和原生仙客来，还可以搭配一年生的角堇和喜林草一起装点花园

观察定植后的植物状态

观察是提升造园水平的好方法

定植后并不是从此一劳永逸了，还需要通过观察植物的状态，不断积累植物的知识，才能慢慢了解自己的花园适合什么植物、怎样治理比较好。这些经验的积累可以助你建成一个具有原创性的美丽花园。

所以首先检查一下种植的植物是否适合花园的环境吧。

叶片是否“出色”

花叶植物和彩叶植物会根据光线强弱改变叶片的颜色。其中黄色系的花叶和彩叶植物，在相对明亮的场所，叶片颜色会更加鲜艳；光线太暗，斑纹会变模糊，黄色叶片也可能变回绿色。所以一定要好好检查叶片。当然也有不受肥料、气温和季节变化影响的植物，那是因植物本身的性质导致的变色。

叶片有没有变成褐色

早春时叶片还很美，但随着气温的升高就从绿色变成了黄色……之所以有这样的变化，可能是夏季的直射光导致叶片灼伤，或者是土壤干燥对植株造成了伤害。所以在铺设覆盖物和浇水的同时，也应确认是否有阳光直射。

明明还是盛夏时期，落叶树的叶片就变红了。导致这种情况是因为土壤太干燥了，应充分浇水，铺设覆盖物以抑制土壤干燥和地温的升高。

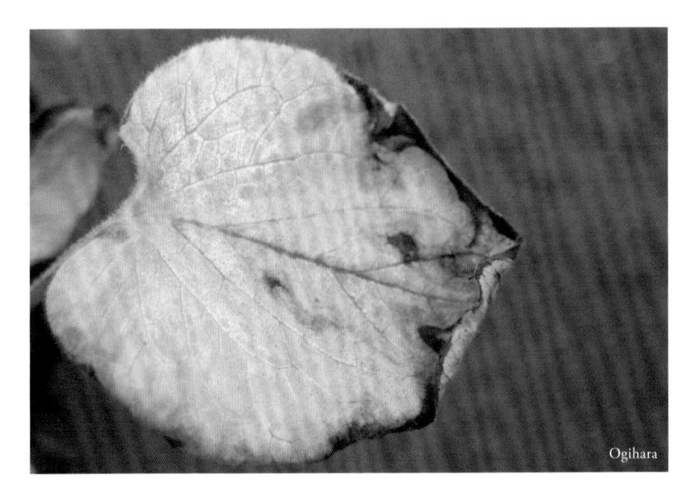

叶片烧伤后变成褐色的心叶牛舌草

被直射光灼伤导致叶片变色的玉簪

背阴花园造园实例

我们以某花园的改造作为题材，向读者们介绍背阴花园的造园方法。如何打造一座令人愉悦的背阴花园？从解决问题的方法，到植物的定植，本章里都满满地记载了有用的情报。敬请参考。

改造成为易于养护的花园

改造前花园的状态

这个花园位于城市近郊住宅街区的独栋住宅中，周围被其他住宅包围，形成狭长的空间。花园位于独栋住宅的北侧，与邻居家相接。但由于邻居的住宅用地东侧有较宽敞的花园，所以花园能间接采光。花园的内部（东侧），有高约 5m 的陡壁，遮住了日光。

委托人的父亲为了孙辈而种下的树木，历经岁月已长得郁郁葱葱，但也使花园变得阴暗。树木迫切需要修剪，但是由于树型散乱的树木太多，问题十分棘手。

另外，由于花园种植区域较大，对于热爱园艺的委托人来说，随着年纪变大，养护管理也会变成一个负担。

改建的方向

乔木以后长得会更加高大，管理难度也会增大。我们以乔木为重点，减少树木的数量，使背阴花园变得明亮起来。

此外，以前的花园需要拨开杂草和树枝才能穿行，现在在花园中央铺设石板作为道路。不仅行走起来更方便了，而且还能使花园的管理变得容易，让每一株植物也都变得更易于观赏。另外，委托人的膝盖不灵便，为了使他不需蹲下也能享受园艺的乐趣，改建中还建造了附长凳的种植床。

植物方面，我们选择了耐热性好、即使放任不管也能长得很好的品种。这样，即使是背阴环境，也可以欣赏到四季繁花。

改造前

从花园的内部（东侧）看向西侧的景象。树木过于茂盛，导致难以在花园里穿行。十多年前种下的大花四照花，也长成了花园里的“拦路虎”

改造后

由于被树木包围，我们在花园中央部分铺上自然风格的砂岩，以方便行走。我们保留了花园原有的灌木，将通道的一侧作为种植区域，种下了易于养护的多年生草本植物等。另一侧则在建造好的种植床里，种植蔬菜和香草等需要打理的植物

改造步骤

S.Tsukie

树木的砍伐、修剪、移栽

重点砍伐生长过于茂盛、变成路障的树。剩下的树木，根据需要修剪出好看的树型。移栽部分树木

S.Tsukie

清除树木的根系

如果将砍伐后的树木根系残留在土里，不但会阻碍造园工作的进展，也不利于种植新的植物，必须予以清除。徒手清理会花费很多时间，所以使用了液压挖掘机来清理

平整土地

将石头、杂草和竹类植物的根系清除干净，平整土地。由于长期落叶堆积，土质不错，不需要改良土壤。如果有必要进行土壤改良的话，就要在种植时向土里混入有机物

S.Tsukie

道路的施工

在规划作为道路的部分浇筑混凝土，然后铺上石板

建造种植床

堆砌混凝土砌块，建造种植床，倒入混有腐叶土的土壤

S.Tsukie

种植区域的植物定植

平整种植区域的土地，根据规划摆放植物，然后定植。种下后，要浇透水，用腐叶土覆盖土面以护根

在道路上铺满木屑

在石板路的尽头铺满木屑，营造自然风格的花园小径

S.Tsukie

改造前

这里是花园东侧的一块区域，位于花园的最内侧。照片的右侧有一棵水杉，种植在宅子的前方，曾经长得十分高大茂密，影响了这一带的采光。这是砍除水杉后的景象，还给这个角落明亮的背阴环境

改造后

通过清晰地划分出道路和种植区域，打造出一座易于通行和管理的花园。在石板路的尽头铺上木屑，营造出自然感，还能起到防治杂草的作用

改建的要点

根据日照条件选择植物

这个区域，午后可以接收几小时从建筑物的空隙照射进的阳光，种下的是喜阳的萱草、耐直射光照的水甘草和山梅花等。近处种下的是矾根，由于上方是落叶树，所以不会有日照。住宅区的花园，在狭小的范围内常有多变的光照条件

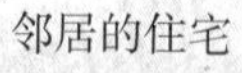

把花园尽头打造成木屑小路

花园的尽头使用率较低，通过打造成木屑小路，营造出把人引向树林的氛围

自然风格的小路

采用富有自然感的砂岩铺设道路。由于砂岩湿润后会变成鲜明的颜色，到了雨天就可以欣赏到花园不一样的风貌

移植冗杂的树木

在规划铺设道路的地方，生长着一株四照花。最初的设想是直接砍伐，但由于树型自然优美，最终作为标志树被移植到住宅的侧面

平台

在石板路的尽头修筑了一个平台，它将作为纵览花园风貌的空间，同时也是家庭成员休憩的场所

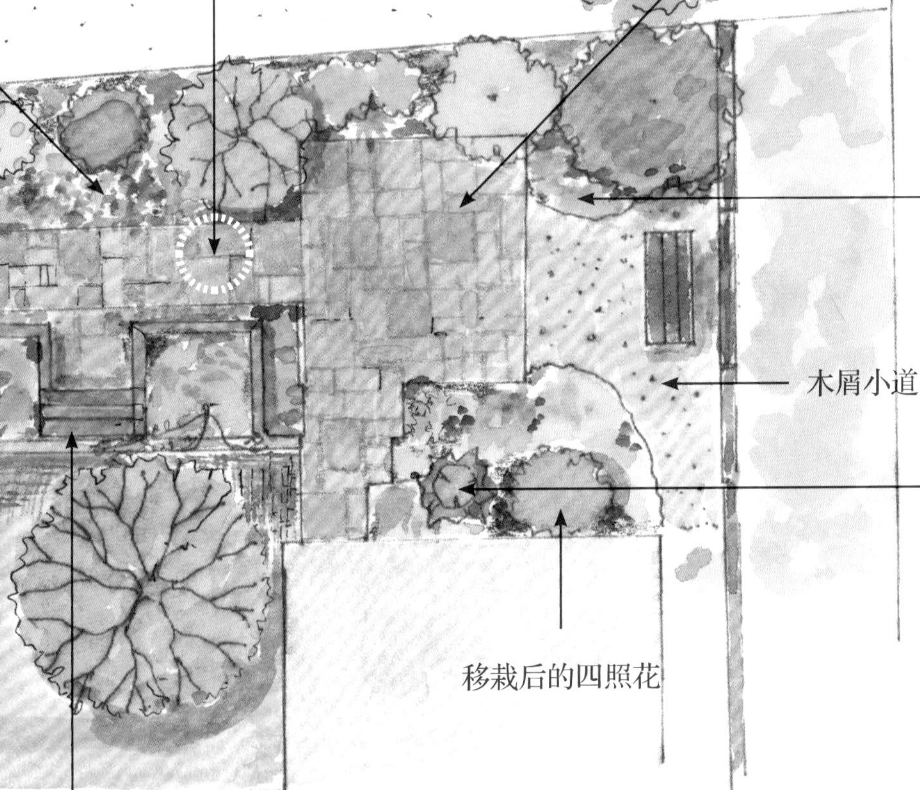

种下易于打理的植物

从左至右分别是箱根草、落新妇、铁筷子、宽叶薹草、虾膜花。选择的这些植物都很强健，即使放养也能生长得很好

建造附长凳的种植床

由于住宅的外墙是用混凝土砌块筑成的，为了协调统一，采用混凝土砌块修建种植床。将相邻的两个种植床边缘用柏木材料连接起来，作为长凳，营造自然感。为了削弱突兀感，种植床与道路连接的部分，种植了强健的长生百里香

砍伐影响花园采光的大树

将种植在住宅墙角，生长得很高大的水杉砍除，使这里变成了明亮的背阴环境。树桩被留存下来，成为天然的装饰物。在树桩的周边种下了玉簪、淫羊藿‘佩洛杰’、箱根草等，营造出富有野趣的场景

P/JBP-M.Takeda

定植的方法

将植物连盆直接摆放，确保整体协调。

株距该怎么定呢？

不论是草本植物还是木本植物，只要是植株高度在 1m 以内的，相较来说可简单更替，可以事先预估 2~3 年后的植株大小，选择比这个间隔稍小一点的距离作为株距。如果在定植的时候把植株种植得拥挤，乍看觉得还挺美观的，到了第二年，就会长得交错混杂了

脱盆。如果遇到塑料盆难以脱盆的情况，可以尝试用手掌托着土面，将盆子倒扣，往坚硬的物品上敲击。

土团要怎么处理呢？

植物吸收养分和水分主要是在根尖进行的。如果伤了根尖，植物吸收养分和水分的能力会一下子被削弱而影响生长。如果没有出现盘根的现象就可以直接种下；如果出现盘根现象，就稍稍去掉一点根系

如果植物根部土团是这个状态的话，就可以直接种植

挖出一个比植物根部土团稍大的洞，放入植株，确认土团表面的高度。

向洞穴底部回填土壤，调节植物土团的表面高度，直至与地面高度持平。

种下后，将植株周围的土压实，让根部土团和花园原土紧密接触。注意不要把植物往底下压。

平整土的表面，围一个浅浅的集水圈。种好所有的植物后，浇透水。

用腐叶土覆盖土表以护根。覆盖物可以防止地温的上升和干燥，还能抑制杂草生长。

护根材料如果直接接触植株，可能会引起植株的腐烂，要注意与植株的基部保持一定距离。

定植完成。

最适合定植的时间

在温暖的地区，推荐秋季种植（10~11 月）。虽然在秋季里根系只能生长出来一些，但可使植物根系在来年夏天长好，还能增强植物的耐热性，使其更容易度夏。在结霜情况不严重的地区，即使是在严冬时节，都是可以进行定植的。这种情况下，为了促进植物生根，要做好覆根工作，保持地温。
在寒冷的地区，请在春季定植。定植完成后通过覆根，可以促进植物根系生长

树木的种植方法

购买盆栽树苗的时候，请尽量选择根系尚未盘结的植株。如果根系盘结了，根系就无法向四周伸展，容易造成倒伏，而且会因为无法充分吸收养分和水分而影响生长。
一旦定植后，就不容易移栽了。所以在定植之前，要充分预见到 5 ~ 10 年后植株的形态、大小，再决定种植的地点。定植的时候，要根据株型来确定植株的朝向。
定植之后，要围好集水圈，浇透水，还要在土表覆盖好护根材料。定植之后的第一个夏季，由于根系还没有生长好，要特别注意避免断水现象出现。

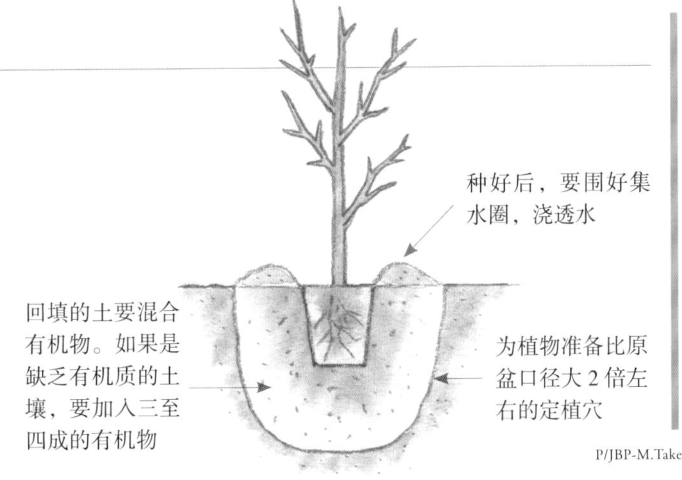

P/JBP-M.Takeda

Column

桂树下的树荫花园

公园的一隅，有一棵高高挺立的桂树，
在这棵桂树底下，随着季节更迭，花开不断，
形成了一座具有自然风格的背阴花园。
从春季到夏季，让我们一起追逐这变迁的美景吧。

4 月上旬

桂树正开始吐露新芽。灿烂的阳光洒落在这棵树下的花园。以从早春开始就花开不断的铁筷子为首，银莲花、葡萄风信子、报春花、洋水仙等春季花卉随之竞相开放，形成一幅暖融融的华丽画面

暗叶铁筷子的新叶刚刚萌发不久。在它身后的欧报春开出柔和奶油色的花朵。百合也正开始萌芽

葡萄风信子的周围，夏季的多年生草本植物开始萌芽。萌发出红色新芽的是缘毛过路黄

营造自然风格花园的诀窍

负责栽种的长谷川阳子老师介绍，这座花园的概念是“不需花费过多的精力，尽情享受四季变换的自然花园”。

对这座花园来说，最重要的是挑选适应环境的强健种类植物。尝试种植之后如果发现它的表现不好，就不要再勉强去栽种。相反也有像假龙头这样的，一般来说被认为是喜阳的植物，在这里却生长得很好。适应环境的植物可以通过种子和地下茎等方式自然地繁衍生息，这对于营造出自然氛围很有帮助。

玉簪的新芽呈现出柔美的黄绿色，随着季节更迭，叶片会越长越大

但是，如果植物繁殖过旺妨碍了其他植物的生长或是过度集中在一个地方影响了整体的平衡感，就需要通过分株移栽到别的地方或者拔除来解决。另外，如果植物结了种子，就需要人工收集起来，将种子播撒到空地或者是需要种植的地方。

由于这是自然风的花园，故不需要很严格地规划每种植物的种植场所。但其中最为关键的点在于，要优先安排好如铁筷子、玉簪这样与其他植物的株型区别比较大、能够成为整个种植区域焦点的植物，这样才能体现出花园整体的紧凑感。另外，为了营造自然的氛围，花园以白色为中心选择花色，基本上选用的都是柔和的颜色，形成统一感。

6月下旬

桂树的枝叶日渐繁密，阳光透过树叶间的缝隙洒下，在树下形成了明亮的背阴环境，花园的面貌也焕然一新。以玉簪和铁筷子为中心，缘毛过路黄、油点草、假紫菀、百合等线条型植物都长势喜人

乔木绣球‘安娜贝尔’开出了白色的花朵，一抹清新的色彩点亮了这晦暗的梅雨时节。它与玉簪一道，都是增添花园自然韵味不可缺少的一员

假紫菀的花朵盛开在油点草和铜红色缘毛过路黄的叶片之间。花期可以从6月持续到9月

7 月下旬

时值出梅，所有的植物显得更加生机盎然了。卷丹百合盛开，为这座花园增添了少有的华丽色彩。卷丹百合本是喜阳植物，但是它好像很适应这里的环境，生长得很好

假紫菀的花朵交错点缀在台湾油点草黄绿色的叶片之间。10 月，当假紫菀花期结束之时，台湾油点草将进入花期

台湾油点草的花朵

拍摄地点 /
日本多摩市立绿色生活中心
东京都多摩市落合 2-35
（多摩中央公园内）
TEL：042-375-8716
※2016 年 3 月

P/JBP-M.Takeda

S.Tsukie

在这一章，将为读者介绍能种植在背阴花园里的植物。

为了让读者在制订种植计划的时候更加方便，我们以植物在花园里起的不同作用为基准，按植物的高度划分了4个种类，另外，还增加了能在有限时间里为花园增色添彩的一年生或两年生草本植物。

不论你是在制订新的种植计划时，还是在寻觅补种的植物时，都请多多予以利用。

第2章

背阴花园植物图鉴

月江成人

如果想按植物在花园里的位置检索的话……

如果想按日照条件和土壤条件检索的话……

如果想按植物在花园里起的不同作用检索的话……

图鉴的使用方法

猪牙花

Erythronium ssp. & cvs.

解说植物特征

介绍运用提示

● 别名：片栗花 ● 百合科 ● 多年生落叶草本

● 高度：10～30cm ● 冠幅：20cm

● 耐寒温度：−23℃～−28℃ ● 原生地：北半球温带地区

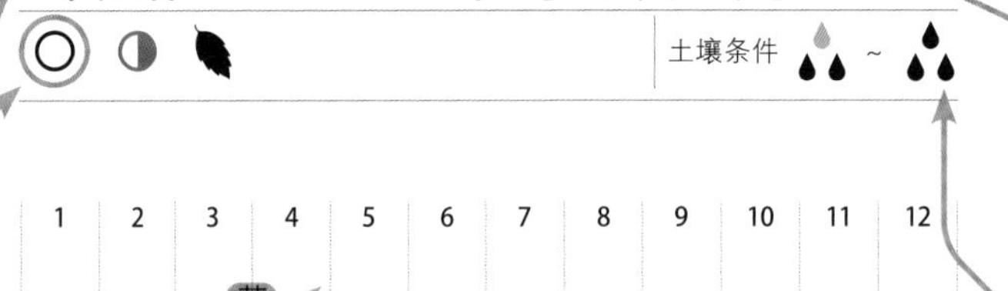

植物名

记载的是该植物的常用名称

学名

如果介绍的是特定的种或者品种，会以属名 + 种名的形式记载，如果介绍的是个种和品种的话，则会标记为属名

别名

记载的是本书所用之外的常用名称。包括通用名和俗称等

科名

依据被子植物 APG III 分类法

高度

表示的是种植环境下一般的高度（树高、草高）

耐寒温度

大致的耐寒温度。如果有积雪或寒风，会有一定变化

形态

表示的是植物落叶或常绿的形态。

落叶

木本：在休眠期落叶。

草本：在休眠期地上部分枯萎。

半常绿

木本：根据环境的不同，叶片会留存在枝干，也可能会落下。

草本：在休眠期，地上部分会残留莲座状叶丛。有时根据环境，叶片会留存在枝干或者枯落。

常绿

全年保持有叶片

冠幅

用于表示植物的大小。种植环境下一般的规格

原生地

表示的是植物的原生地和分布区域。如果介绍的是园艺品种，那么表示的是其亲本所在的原生地和分布区域

土壤条件

表示的是适宜的土壤干湿条件

日照条件

表示的是植物适宜的日照条件。用“○”圈出该植物最适宜生长的环境。→具体参照第 11 页

● 无日照地块	没有直射阳光，也几乎没有间接光照的阴暗场所
○ 有散射光地块	没有直射阳光，但是可以通过树木间隙采光的明亮场所
◑ 短日照地块（上午有阳光）	早上 10 点左右之前能接受几小时光照的场所
◐ 短日照地块（下午有阳光）	早上 10 点左右之后一直到傍晚能接受几小时光照的场所

如果植物适合种植在落叶树下，会用这个标志表示

观赏时期

表示的是该植物的叶片、花或者果实等适宜观赏的时期

干燥

排水性好、保水性差的土壤

湿度适中

排水性好、含有机质、具保水性的土壤

湿润

保水性好、带有湿气的土壤

* 观赏期和日照等生长适宜条件，是以日本关东地区以西的温暖地带作为参照的。

鸡爪槭

Acer palmatum

鸡爪槭是日本的代表性树木，经常被作为核心景观树栽种。由于它的枝条会横向生长，所以适合为花园制造树荫。人们培育出了众多的鸡爪槭园艺品种，其叶形、叶色种类丰富，代表性品种有‘珊瑚阁’，其红叶期的叶片会变成黄色，嫩枝经霜打后呈现鲜红色；还有垂枝品种‘占之内’。垂枝品种不怎么向高处生长，对于狭小空间来说更易于养护。

搭配要点：适用于种植在被高大建筑物遮挡而形成的短日照地块。树姿优美，只要空间足够，建议不要进行修剪，欣赏其自然树型。如果从枝条的中部进行修剪，会导致树型散乱，要从基部剪去不需要的枝条。鸡爪槭在温暖的地区也能变色，通过与其他可以变色的植物进行组合，可以让花园在晚秋变得多姿多彩。

● 别名：日本红枫 ● 无患子科 ● 落叶小乔木或灌木

● 高度：10~15m ● 冠幅：10~15m

● 耐寒温度：-23℃~-28℃ ● 原生地：中国、日本、朝鲜半岛

   土壤条件 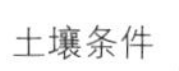 ~ 

即使是在温暖的地区也能变色

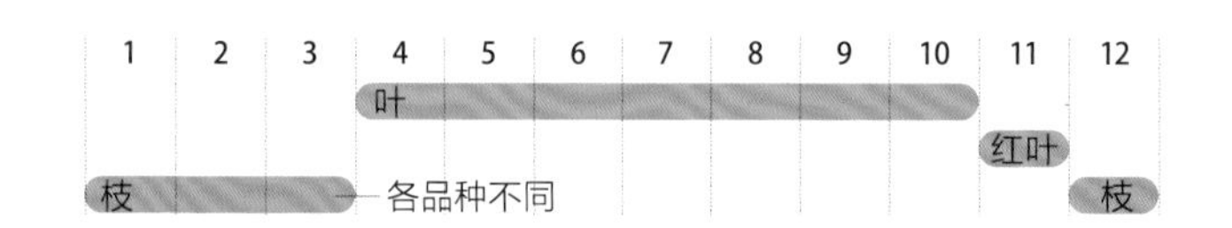

三裂树参

Dendropanax trifidus

三裂树参四季常青，叶片具有光泽，适合作为背景树种。入冬后，有部分叶片会呈现深红色。三裂树参分枝性好，树型浑圆饱满。其生长速度不快，可以通过修剪来控制植株大小。在树龄小的时候，三裂树参叶片呈现 3 深裂，当树龄大时，其叶片会变成没有分裂的椭圆形。花与果实不具备太高的观赏性。三裂树参健壮、鲜有虫害，养护简单，但是需要注意，如果种植在西晒强烈的地方，需要在植株基部种植耐干燥、耐阳光直晒的植物，或者铺护根。

搭配要点：能够适应建筑物的阴影面等环境，不论是较阴暗的地方，还是正午前后到傍晚都能接受直射阳光的短日照环境，都可以种植。三裂树参的这种特性，对于过于阴暗、其他植物无法正常生长的地方，就显得很珍贵了。

● 五加科 ● 常绿乔木或灌木

● 高度：2.5~4.5m ● 冠幅：2.5~5m

● 耐寒温度：-6℃~-12℃ ● 原生地：中国、日本

    土壤条件  ~ 

树龄小的时候，叶片呈现 3 深裂。具有美丽的光泽

金缕梅

Hamamelis spp.

金缕梅的花期紧随在蜡梅之后，它的开花宣告着春天的到来。以中国和日本的原生种为母本，培育出了数种园艺品种，有的品种的花具有甜美的香气。此外，到了深秋季节还能欣赏到美丽的红叶，是一种颇具魅力的花卉苗木。金缕梅很适应日本的气候，只要扎好根后，即使放任生长也可以长得很好。如果想要欣赏到美丽的红叶，就要做好护根工作，避免夏季的干燥缺水。

搭配要点： 金缕梅花期与铁筷子相近，生长环境也相似，是非常理想的组合；它与早开的水仙花等秋植球根，还有早春开花的多年生草本植物等也能成为很好的搭档。如果和栎叶绣球这样的能够欣赏到叶色变化的植物进行组合，秋季一到，就更能增添欣赏趣味了。

- 金缕梅科 ● 落叶灌木或小乔木
- 高度：2~3.5m ● 冠幅：2~3.5m
- 耐寒温度：-23℃~-28℃ ● 原生地：中国、日本

  土壤条件 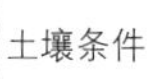 ~ 

↑红花品种「戴安」（*H.× intermedia* 'Diane'）的红叶

'阿诺德诺言'（*H.× intermedia* 'Arnold Promise'）：花具有甜美的香气，到了秋季叶色会呈现由黄色到橙色的转变

含笑花

Michelia figo

含笑花四季常青，叶片呈深绿色，叶面具有光泽，花瓣为乳白色，边缘带酒红色。含笑花的花朵虽然低调不起眼，但是具有像香蕉那样甜浓的芳香，远远地就能被闻到。含笑花的生长速度不快，萌芽力强，通过修剪可以方便地调整植株大小，即使在狭小花园也易于打理。含笑花能够适应多种环境，但是强烈的西晒会使其叶片褪去光泽，失去原有的魅力。需要护根防止土壤干燥。

搭配要点： 含笑花具有一定的耐阴性，即使不接受直射阳光也能开花，能够栽种在像公寓楼中庭这样有散射光的地方。其深绿色的叶片能让它周边冰冷的钢筋混凝土都显得柔和起来。

- 木兰科 ● 常绿灌木
- 高度：2.5~4m ● 冠幅：1.5~2.5m
- 耐寒温度：-6℃~-12℃ ● 原生地：中国

    土壤条件  ~

乳白色的花朵点缀在具有光泽感的叶片之间。花朵具有甜浓的芳香

1	2	3	4	5	6	7	8	9	10	11	12
				花							
叶											

加拿大紫荆‘紫叶’

Cercis canadensis 'Forest Pansy'

加拿大紫荆‘紫叶’是从原产自北美大陆的紫荆属植物中选育出的彩叶苗木，它比原生的紫荆株型更大。加拿大紫荆‘紫叶’春季开粉红色花朵，花后展叶，叶片紫红色呈心形，观赏期长。气温升高后，叶片的紫红色变浅并透出绿色，到深秋时节变成黄色。加拿大紫荆‘紫叶’较不耐热，在温暖地区更推荐种植在短日照环境而不是向阳处。可通过覆盖护根材料等手段，避免树基部被阳光直射，以保护叶片不受损伤。

搭配要点：万绿丛中的一点紫红色能成为画龙点睛之笔，加拿大紫荆‘紫叶’可以作为花园的景观中心树。将它与绽放多彩花朵的多年生草本植物进行组合栽种，其花色在紫红色叶片的衬托下会更加夺目。

紫红色的心形叶片是加拿大紫荆‘紫叶’最大的特色。非常适合作为多彩花卉的背景植物

● 豆科 ● 落叶大灌木或小乔木

● 高度：4~8m ● 冠幅：4~8m

● 耐寒温度：-23℃~-28℃ ● 原生地：美国东部和中部地区

土壤条件 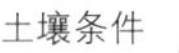 

红山紫茎

Stewartia pseudocamellia

红山紫茎初夏盛开的白色花朵，能为人们带来丝丝凉意。它可作为茶花的替代品。红山紫茎有一个品种‘拂晓’，开粉红色花朵，十分可爱。入秋后，它的叶色会从橙色转变成红色，落叶后，独具一格的树皮非常引人注目。红山紫茎生长较迅速，它的树枝不怎么朝横向生长，而是向斜上方生长，形成美丽自然的树型。只需要对多余的树枝进行疏剪即可，应尽量保持其自然的树型。红山紫茎在春季萌发的新枝上开花。需通过护根以避免土壤干燥、降低土温。山茶科另一个相似品种小紫茎（*Stewartia monadelpha*），树皮呈红褐色，比红山紫茎的花小一些。

搭配要点：红山紫茎柔美的花朵与富有野趣的树型使它很适合种在杂树花园。如果将拥有美丽花纹树干的红山紫茎与从冬季开放到春季的铁筷子、仙客来以及入冬后新枝会变色的红瑞木等进行组合，就可以欣赏到冬日花园的别致风景了。

↑斑驳的树皮形成了好看的花纹

被作为茶花替代品的红山紫茎，花朵艳丽，别有情趣

● 山茶科 ● 落叶大灌木或小乔木

● 高度：4~12m ● 冠幅：6~7.5m

● 耐寒温度：-23℃~-28℃ ● 原生地：日本

土壤条件  ~ 

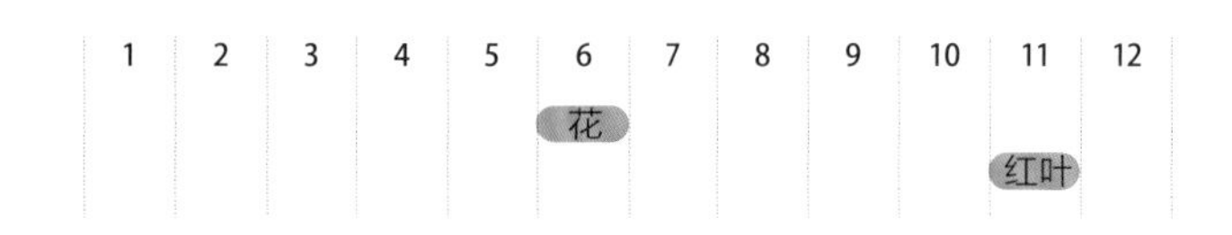

青木

Aucuba japonica

'炫彩'（Aucuba japonica 'Picturata'）：叶片中间带有鲜艳的黄色斑纹，十分美丽

1	2	3	4	5	6	7	8	9	10	11	12
叶	叶	叶	叶	叶	叶	叶	叶	叶	叶	叶	叶
果实	果实	果实	果实	果实							果实

青木叶片富有光泽，全年常绿，能够作为非常美观的背景植物。它树型紧凑，可以通过修剪轻松地控制植株大小。青木喜湿，只要留心种植环境不要过于干燥，即使受到些微日光直射，都能维持美观的状态。青木大红色的果实配以深绿色的叶片，能够带来强烈的视觉冲击力。属雌雄异株植物，若想让其挂果，须雌雄株搭配种植。需要注意的是，有的园艺品种只有雌雄株当中的一种。除了照片所示的品种之外，叶片细长、具有细腻风情的窄叶青木也值得推荐。

搭配要点：青木叶片繁密，最适合作为背阴花园的背景植物。它耐阴性强，即使是建筑物的阴影面这样的阴暗场所，都能生长得很好。哪怕将青木种植在比较阴暗的地方，它的叶面也容易出斑，能为阴暗的背阴环境增添色彩。

● 丝穗木科 ● 常绿灌木

● 高度：1~2.5m ● 冠幅：1~2.5m

● 耐寒温度：-12℃~-18℃ ● 原生地：中国、日本、朝鲜半岛

土壤条件 

红瑞木

Cornus alba 'sibirica'

→入冬后，新枝会染上鲜红色

叶片也具有观赏性的锦化品种。由于叶片容易被晒伤，适合种植于明亮的背阴花园

这种植物最大的魅力就在于严寒时期，落叶后的新枝会变成大红色。由于老枝不会变色，需要每 2~3 年对其进行一次剪枝更新，想促生新枝的话就需要在萌芽前修剪。虽然这样会导致无法开花，但是由于红瑞木的花朵几乎不具备观赏价值，所以没太大问题。红瑞木不耐热，应选择潮湿凉爽的背阴环境种植。另有一相似品种金枝偃伏梾木，在落叶后新枝会变成黄色。

搭配要点：将红瑞木与树皮斑纹美丽的红山紫茎、从冬季到初春持续盛开的铁筷子、雪割草等搭配种植，可以欣赏到冬季独有的花园美景。叶片带有白色锦化斑纹的品种能给人带来温柔的印象，在夏季也具有观赏性。将红瑞木种植在有散射光的背阴花园，与落新妇、绿叶系的玉簪进行组合，就能打造出具有清凉感的夏季花园。

● 山茱萸科 ● 落叶灌木

● 高度：1.2~3m ● 冠幅：0.9~1.5m

● 耐寒温度：-35℃~-40℃ ● 原生地：中国北部至朝鲜半岛、西伯利亚

  →因品种而异

土壤条件 

马醉木

Pieris japonica

在初春时节，马醉木会盛开一簇簇像铃兰一样的白色小花。马醉木花色丰富，除了白色外，还有淡粉色、深粉色等，市场上选育有不同花色的品种。马醉木叶片繁密，叶片小而具有光泽，花期之外也能成为绿色的背景植物。有的品种新芽会呈现好看的红色，因而被培育成欣赏新芽的园艺品种。马醉木能在从短日照到无日照的背阴环境生长，但是太过于阴暗的环境不利于开花。马醉木生长缓慢，即使是小花园也能轻松养护。尽管它生性强健，但如果环境过于干燥则易受红蜘蛛侵害，使叶片褪色。马醉木较耐寒，在寒冷地带也能保持常绿。

搭配要点：作为背景树，马醉木细小的叶片能营造出纤柔的质感，可把前景的草花衬托得柔美动人。也推荐种植在落叶树下。

● 杜鹃花科 ● 常绿灌木

● 高度：1.5~3m ● 冠幅：1~2m

● 耐寒温度：-17℃~-23℃ ● 原生地：中国、日本

   土壤条件 

形同铃兰的白色小花，像佛珠一般连成一串

1	2	3	4	5	6	7	8	9	10	11	12
		花	花								
叶	叶	叶	叶	叶	叶	叶	叶	叶	叶	叶	叶
			新叶								

青荚叶

Helwingia japonica

由于花看起来就像开在叶片上，青荚叶也叫叶上花。青荚叶雌雄异株，雌株会结出果实，到了夏天果实成熟后会变成黑色，有甜味，可以食用。落叶期的青荚叶枝干就像被刷成黑色一样，十分美丽。青荚叶不会生长得太高大，枝干也不太会横向生长，在狭小的场地也容易养护。青荚叶喜好富含有机质的潮湿的土壤，耐阴性强，在阴暗环境也能生长得很好。

搭配要点：由于在阴暗的环境也能生长得很好，青荚叶能够种植在建筑物的阴影面，或者大型常绿树的树荫下。有的园艺青荚叶品种叶片呈黄色，种植在深绿色的植株中，能起到点睛的作用。落叶期的青荚叶枝干也具有观赏价值，可以与铁筷子、大叶蓝珠草等从冬季到春季持续开花的植物搭配种植。

● 山茱萸科 ● 常绿灌木

● 高度：1~1.5m ● 冠幅：0.6~1.2m

● 耐寒温度：-12℃~-18℃ ● 原生地：中国、日本

   土壤条件

'黄金叶'（*Helwingia japonica* 'Aurea'）：新芽呈现黄色，入夏后，会渐渐变成绿色

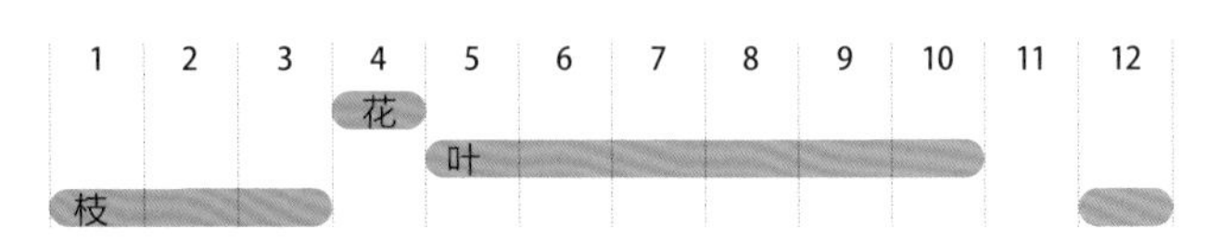

瑞香

Daphne odora

瑞香生长较缓慢，不会长得太高大，最适合种植在狭小的背阴空间里。外侧呈紫红色，内侧呈白色的部位看上去像花瓣，实则是萼片，它与深绿色的叶片相映成趣，十分美丽。瑞香花香浓郁，人们即使身在远处也能闻得到。虽能适应多样的种植环境，但是如果受到正午前后的强烈日照，地温上升，植株会变得不健康，需要留心。瑞香不耐移植。

搭配要点：瑞香深绿色的叶片四季常青，能为花园提供长久的绿色。由于基部叶片较少，瑞香适合与玉簪、亮叶忍冬等枝叶茂密、能形成球形的植物组合种植，较为协调。在阴暗的环境里，如果种上叶片出锦的瑞香品种，能使花园的氛围变得明快起来。

● 瑞香科 ● 常绿灌木

● 高度：1~1.2m ● 冠幅：1~1.2m

● 耐寒温度：-12℃~-18℃ ● 原生地：中国

   土壤条件 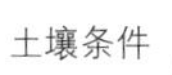 ~ 

↑「信浓锦」是叶片几乎全锦的美丽的园艺品种

花朵具有浓香，令人即使身在远处也无法不注意到它的存在

	1	2	3	4	5	6	7	8	9	10	11	12
花			●									
叶	●	●	●	●	●	●	●	●	●	●	●	●

少花蜡瓣花

Corylopsis pauciflora

春天，少花蜡瓣花可爱的奶黄色小花盛开，向人们传递春回大地的讯息。它花后吐露的新叶呈现出心形，与曲折伸展开的枝条共同造就出其独具一格的树形。入秋后，叶片会从黄色转变成橙色。与近缘的蜡瓣花相比，少花蜡瓣花株型更小、枝条更细，给人以纤柔的印象，种植在小型花园也能显得协调。少花蜡瓣花性质强健，即使放任不管也能生长得很好，但是如果受到正午前后强烈的阳光直射，会因土壤干燥而引起叶片损伤。通过覆盖一层厚厚的护根，可以解决这个问题。

搭配要点：除了覆盖护根，还可以在少花蜡瓣花基部周围种植淫羊藿和岩白菜等植物，这样既可以欣赏到春季的花，又能在其落叶期增添一抹绿意。将少花蜡瓣花与花期一致的雪片莲搭配，就能打造出春光明媚的景致。

● 金缕梅科 ● 落叶灌木

● 高度：1~2m ● 冠幅：1~2m

● 耐寒温度：-17℃~-23℃ ● 原生地：中国、日本

  土壤条件 

奶黄色的小小花朵挂满枝头，似乎把周围的空气都晕染成了黄色

	1	2	3	4	5	6	7	8	9	10	11	12
花			●									
红叶											●	

→钴蓝色的果实与墨绿色的叶片相映成趣

JBP-A.Tokue

地中海荚蒾

Viburnum tinus

地中海荚蒾墨绿色的叶片给人沉稳的印象，能全年提供美丽背景。它枝繁叶茂，能形成浑圆饱满的株型。入春后地中海荚蒾会长出密集的粉红色花蕾，之后，随着花朵绽放，满树繁花，一片雪白。它的果实带有光泽，初为青绿色，成熟后变为黑色，极具魅力。由于分枝多，想要整理株型或者调节树高的时候，从枝条的基部稍作疏剪即可。地中海荚蒾耐热，但过于干燥会导致叶尖损伤，需要进行护根。

搭配要点：地中海荚蒾适应能力强，可以运用在各种场合。它冠幅适中，狭小花园也能轻松养护，如作为背景树可以把树前的花映衬得很美丽。另外，作为绿篱也十分合适。

● 五福花科 ● 常绿灌木

● 高度：1.5~2.5m ● 冠幅：1.5~2.5m

● 耐寒温度：−12℃~−18℃ ● 原生地：地中海沿岸地区

土壤条件 

粉红色的花蕾。花开后是雪白色，非常吸引人眼球

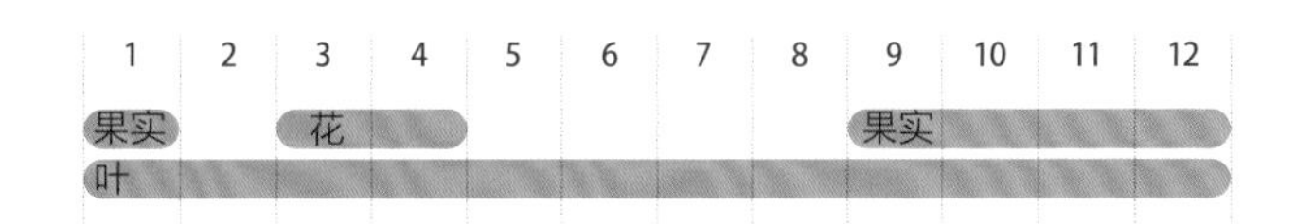

棣棠花

Kerria japonica

棣棠花从地面直接抽生出繁茂、柔软的枝条，缀满金黄色的花朵。深秋时节，它的叶片会变成黄色，落叶后，它绿色的枝条能为萧索的冬日花园添色。如果场地允许，建议不多加人工干预，尽情欣赏它自然形成的优雅姿态。如果长得太大变得碍事了，记住不要在枝条中间修剪，而是要将不想要的部分连着根部一起挖出，以缩小植株。枝条经数年会自然枯萎，需要整理枯枝，在落叶期进行会轻松一些。棣棠花强健、适应性强，在湿润土壤环境下更利于叶片保持好的状态。

搭配要点：推荐野趣盎然的单瓣品种。也很适合作为雪割草、猪牙花等早春开花植物的背景。常应用于打造自然风格的花园。

● 蔷薇科 ● 落叶灌木

● 高度：1.5~2m ● 冠幅：1.5~2.5m

● 耐寒温度：−23℃~−28℃ ● 原生地：中国、日本

土壤条件 

单瓣品种富有自然气息

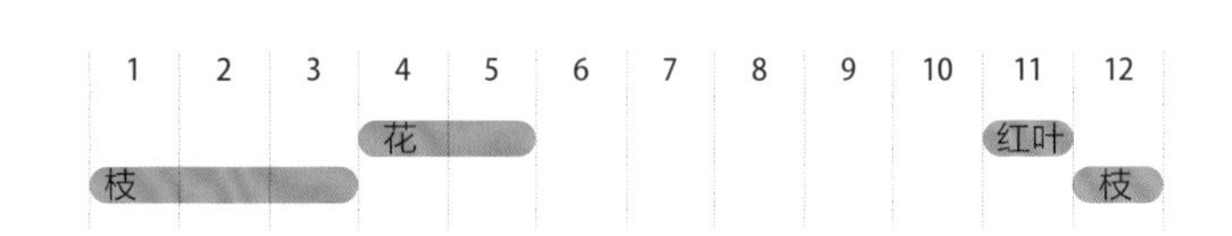

阴地杜鹃

Rhododendron keiskei

阴地杜鹃春季盛开具有透明质感的淡黄绿色花朵，与深绿色的叶片相得益彰。它的叶片常绿，严寒时节会变成红色。虽然名字带有“阴地”，但比起没有日照的环境，一天里有几小时的短日照更有助于阴地杜鹃开花。阴地杜鹃的原生地是低洼的岩坡，所以它具有耐热性，也耐干燥，但需要避开西晒。以本品种为母本，人们培育出了数款品种。近年，人类为了栽种不断进行野采，导致自然界的阴地杜鹃数量大幅度减少。请大家一定不要栽种和购买野采的阴地杜鹃。

搭配要点：阴地杜鹃生长缓慢，如果是小型植株的话，可以栽种在花坛的前部作为地被植物。它四季常青，可以为萧瑟的冬日增添绿意。

● 杜鹃花科 ● 常绿灌木

● 高度：0.5~2m ● 冠幅：1~3m

● 耐寒温度：-12℃~-18℃ ● 原生地：日本

   土壤条件 

具有透明感、清爽的花朵

1	2	3	4	5	6	7	8	9	10	11	12
			花	花							

北美鼠刺

Itea virginica

北美鼠刺初夏盛开白色小花，穗状花序顶生，枝条随之低垂，姿态独特，花带甜香。花后北美鼠刺失去这独特的姿态，回归不起眼的样子，直到深秋时节叶片转变成鲜艳夺目的紫红色，才又重新宣示出自己的存在感。人们培育出了众多的园艺品种，秋季变色后的叶色、植株高矮各异。北美鼠刺不会生长得过高，可以通过修剪调整植株大小，在狭小花园也能轻松养护。在较暗的环境下也可以生长，但不利于开花，喜好偏潮湿的环境。

搭配要点：萱草与水甘草等多年生草本植物都能应用在短日照环境里，最适合作为它们背景植物的，非北美鼠刺莫属了。其在温暖地区能形成好看的红叶，与栎叶绣球、日本红枫、金缕梅、箱根草等进行组合，就能欣赏到多彩的深秋美景。

● 鼠刺科 ● 落叶灌木

● 高度：1.5~2.5m ● 冠幅：1~1.5m

● 耐寒温度：-23℃~-28℃ ● 原生地：北美东部

  土壤条件 

↑入秋后，叶片会变成美丽的紫红色

细碎的白色小花缀在长长的花穗上，像是随时要散落一般

1	2	3	4	5	6	7	8	9	10	11	12
				花	花					红叶	

栎叶绣球

Hydrangea quercifolia

栎叶绣球初夏萌发圆锥状花序，花期长。花后，它形状独特的硕大叶片在花园里彰显着存在感。深秋时节，即使在温暖地区，栎叶绣球的叶片也能变成美丽的紫红色。栎叶绣球非常适合日本的气候，可以放养，少有病虫害，是一款能构成背阴花园骨骼的经典花木。与山绣球相比较，冠幅更大，植株更高。通过将多余的枝条从分枝部位剪除，可以在不破坏树型的前提下，把植株缩小。栎叶绣球在前一年长出的枝条上开花，若要修剪，就要在开花后尽快进行。

搭配要点：栎叶绣球强健，很难不种成功，建议将其作为中心植物来构思组合。既可以将各种多年生草本植物种在前方，也可以与北美鼠刺、日本红枫垂枝品种‘占之内’等叶片能变色的植物进行组合。

● 绣球花科 ● 落叶灌木

● 高度：1.8~2.5m ● 冠幅：1.8~2.5m

● 耐寒温度：-23℃~-28℃ ● 原生地：北美东南部

   土壤条件 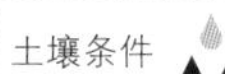

←在温暖地区，叶片也能形成好看的颜色

花叶俱佳，有突出的存在感。是背阴花园的经典植物

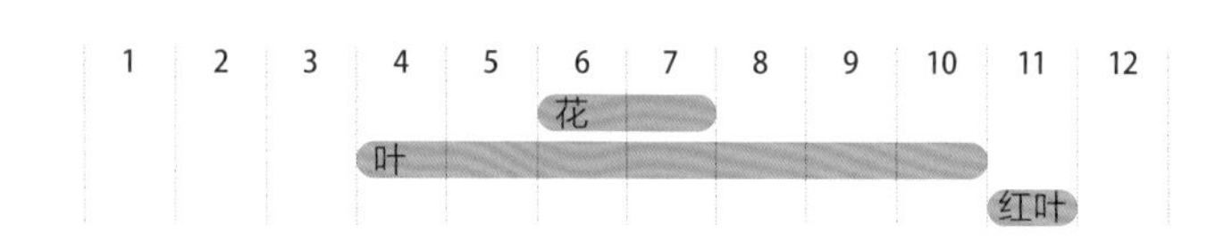

山梅花

Philadelphus cvs.

山梅花初夏盛开清新的白色花朵，花期长。市面上的品种多种多样，是从几款不同的原种中选育而来的园艺品种，其性质各有特色，但共同点都是花朵雅致且具有清爽的香气。山梅花在前一年长出的枝条上开花，修剪要在开花后尽快进行。重瓣品种性强健，在短日照或者向阳环境下都能生长得很好。它的分枝性很强，如果放任不管，就没办法形成好看的株型，需要在花后进行一次强剪，以利于枝条更新。从欧洲原种选育出的园艺品种不耐热，建议种植在明亮的背阴环境，或是能接受到上午10点前阳光照射的短日照环境。

搭配要点：山梅花香味怡人，适合种植在通向玄关的小道等可以享受到花香的地方。花朵是百搭的白色，不论与什么颜色搭配都很和谐，可以与各种各样的多年生草本植物组合。

‘丽球’：是从欧洲原种选育出的园艺品种。花朵白色，花心带有红色

● 绣球花科 ● 落叶灌木

● 高度：1.5~2.5m ● 冠幅：1~1.5m

● 耐寒温度：-23℃~-28℃ ● 原生地：北美、中美、亚洲、欧洲

   土壤条件 

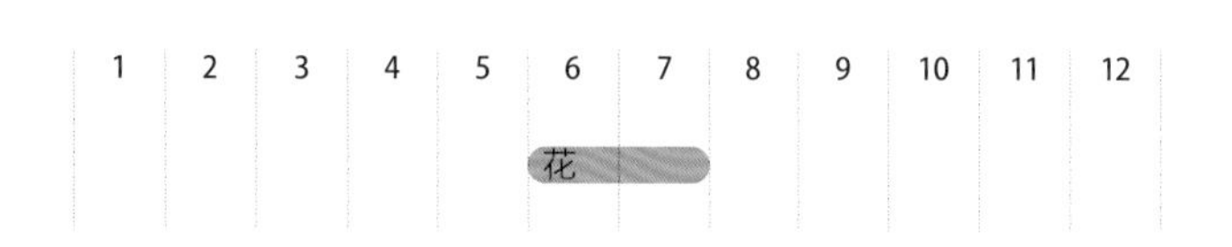

→果实能作为黄色的染料

栀子花

Gardenia jasminoides

栀子花初夏开花，花香四溢，远远地就能沁人心脾，向人们宣告夏季的到来。栀子花的栽培历史悠久，可谓家喻户晓。虽然不是新奇的花卉，但其不仅可供赏花，具有光泽的叶片和秋季结出的橙色果实，也都极具观赏价值。栀子花的果实可作为黄色染料，用于酱菜的染色。人们培育的栀子花有几大系列，其中的重瓣系列品种是不能结果的。栀子花可能遭受到咖啡透翅天蛾幼虫的危害，会被啃食得只剩下光秃秃的枝干，需要留心。

搭配要点：栀子花耐热，但是极端的干燥会影响叶片颜色，宜种植在短日照环境。栀子花适合作为各种植物的背景，也能作为绿篱。矮生品种的栀子花也能作为花坛边缘的理想地被植物之选。

重瓣栀子花的花朵形似月季，高雅端庄，香气馥郁

● 茜草科 ● 常绿灌木

● 高度：1.5~2m ● 冠幅：1.5~2m

● 耐寒温度：-6℃~-12℃ ● 原生地：中国、日本

  →斑叶品种不可缺少的　土壤条件 

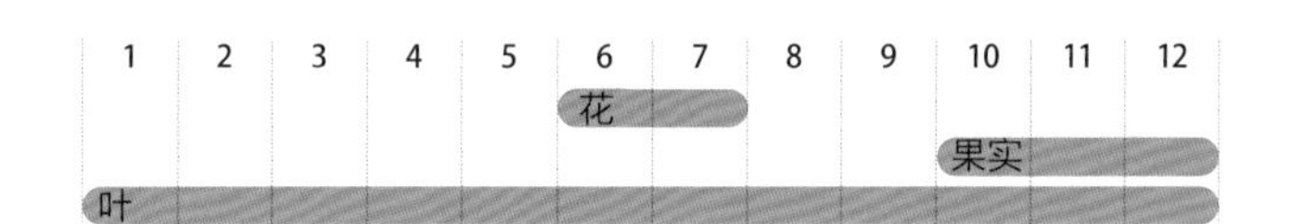

乔木绣球‘安娜贝尔’

Hydrangea arborescens 'Annabelle'

‘安娜贝尔’是因硕大浑圆的花穗而具有极高人气的绣球花，其初夏盛开的纯白色花朵为背阴花园增添了清凉色彩。‘安娜贝尔’病虫害少，适合日本的气候，即使放任不管也能生长得很好。但是过于干燥的话会造成它的叶片损伤，所以如果种植在正午前后会接受到日照的场所，就需要通过覆盖一层厚的护根材料来防止干燥。‘安娜贝尔’新枝开花的特性在绣球里实属难能可贵，可以在萌芽前的冬季进行修剪。在接近地面的壮实芽点上方修剪，可以促使其抽生出长势良好的枝条，利于形成硕大的花穗。

搭配要点：可以通过修剪控制植株高度，使‘安娜贝尔’易于与多年生草本植物进行组合。如果场地条件允许的话，可以通过数棵密植来制造分量感，会更加夺人眼球。仅需与落新妇、大型玉簪等经典植物进行组合，就可以打造出不论高度、植株姿态还是配色都协调的背阴花园。

清爽的白色，不管与什么颜色的花朵都很搭

● 绣球科 ● 落叶灌木

● 高度：1~2.5m ● 冠幅：1~2.5m

● 耐寒温度：-35℃~-40℃ ● 原生地：北美东部

  　土壤条件 

1	2	3	4	5	6	7	8	9	10	11	12
					花	花					

圆锥绣球

Hydrangea paniculata

'石灰灯'：初开花时呈现清爽的黄绿色，之后会逐渐变成白色

圆锥绣球花期比其他的绣球推迟一个月左右，在少花的时节里，忽地在枝头形成圆锥状的花穗。圆锥绣球在日本盆地地区也有野生分布，十分易于养护，它能适应从湿度适中到潮湿土壤等各种环境。圆锥绣球在春季新萌发的枝条上开花，所以在发芽前进行修剪不会影响开花。强剪的话花穗大而数量少，适当修剪的话花穗小而数量多。圆锥绣球耐寒性强，在寒冷地区也能正常生长。

搭配要点：如果将圆锥绣球种植在其他植物的后方，在正要忘记它存在的时候，其突然冒出的花穗能带给人惊喜。既可以通过强剪控制株高，也可以放任其自然伸展，进而塑造成中心景观树。留在枝头的残花到了秋季，会带有粉色，能继续供人观赏。

● 绣球科 ● 落叶灌木

● 高度：1~2.5m ● 冠幅：1~2.5m

● 耐寒温度：-35℃~-40℃ ● 原生地：中国、日本、俄罗斯

   土壤条件 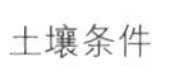 ~ 

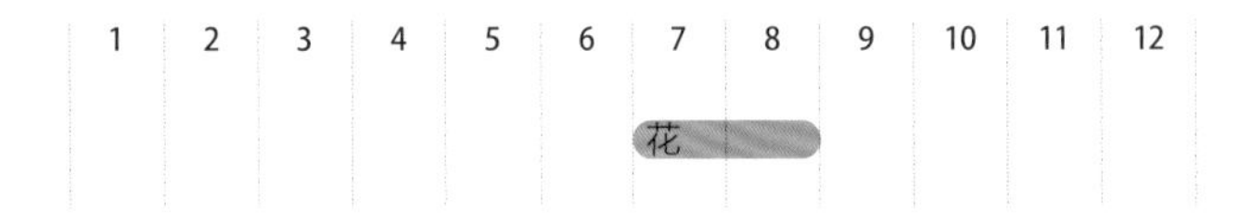

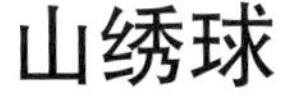

山绣球

Hydrangea macrophylla var. *normalis*

→山绣球具有花哨的园艺品种所没有的野趣

花与叶都能带来凉意的白斑园艺品种

山绣球是日本的代表花木之一，以此为亲本，人们培育出了众多的园艺品种。山绣球沉静的气质与背阴环境非常搭。山绣球生长迅速，可以长得很大。如果为了控制生长高度而从枝条中间修剪，次年枝条的数量会倍增，反而变得杂乱。可以通过将地面部分进行疏剪，把植株缩小；树龄过大的话，不如干脆剪下扦插，对植株进行更新。在梅雨季节或是休眠期扦插，山绣球很容易发根。

搭配要点：山绣球会生长得很大，需要有足够的空间。清爽的蓝色与白色花朵凋谢之后，叶片带有白斑的品种，可以持续为背阴花园增添清凉的色彩。将山绣球与淡黄色的萱草进行组合，颇具视觉冲击力。

● 绣球科 ● 落叶灌木

● 高度：1~2m ● 冠幅：1~1.5m

● 耐寒温度：-23℃~-28℃ ● 原生地：日本

  →黄金叶是不可缺少的 土壤条件 ~

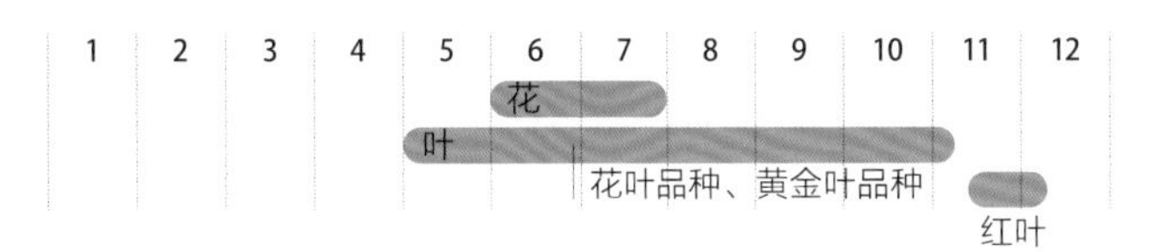

泽八仙花

Hydrangea serrata

与山绣球相比，泽八仙花枝条更纤细，花和植株都显得更小，更具有野趣。人们培育出了具有各种温柔色调的园艺品种。泽八仙花喜好潮湿环境，与山绣球相比不耐干燥，需要护根。如果种植在温暖地带，要选择避开直射阳光的背阴环境。泽八仙花老枝开花，修剪枝条要在花后进行，但是由于它不会像山绣球那样茂盛地横向生长，如果场地条件允许的话，也可以不做修剪，观赏其自然的株型。

搭配要点：将泽八仙花与落叶树等进行组合栽种的话，可以营造出自然的氛围；它与代表性的耐阴植物玉簪、落新妇的生长环境相似，组合栽种可以打造出初夏的清爽感觉。叶片带斑的品种在全是绿叶的背阴花园里，能长时间成为点睛之笔。

● 绣球科 ● 落叶灌木

● 高度：0.6~1.2m ● 冠幅：0.6~1.2m

● 耐寒温度：-17℃~-23℃ ● 原生地：日本、朝鲜半岛

  土壤条件 

→‘红’：花朵初开时是白色，随后会转变为红色

‘九重山’：开蓝紫色的花朵，叶片上散落白色或黄色的斑点，十分美丽

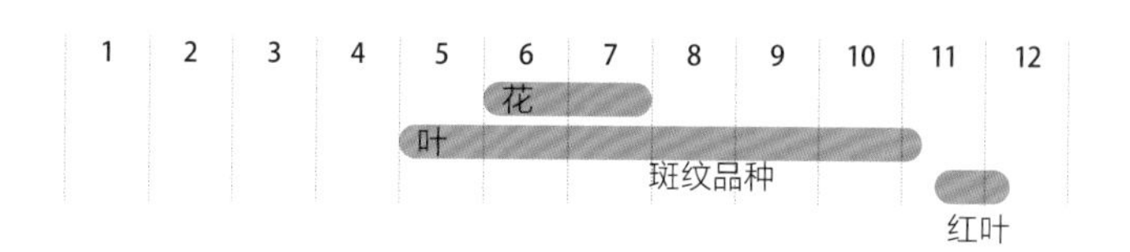

宽苞十大功劳

Mahonia eurybracteata

宽苞十大功劳叶片端庄而质感纤细，四季常绿。它的叶片虽有裂口，但触碰不会使人产生痛感。宽苞十大功劳晚秋开放的黄色花朵，是为萧索的冬季花园添色的珍贵存在。在严寒时节，其微微呈现红色的叶片也十分漂亮。宽苞十大功劳性质强健，能适应多种背阴环境，但是过于阴暗的环境不利于其开花。它的枝条横向生长，可以覆盖住地面，能抑制杂草生长。修剪时可以从枝干基部进行疏剪，除去多余的枝条。极端干燥会导致叶尖损伤，如果种植在有西晒等干燥的场地，需要通过护根来保护植株基部。

搭配要点：宽苞十大功劳四季常绿，推荐种植在玄关前或是显眼的地方。通过与落叶树组合栽种，可以为冬季光秃秃的花园增色。

● 小檗科 ● 常绿灌木

● 高度：1~1.5m ● 冠幅：1~1.5m

● 耐寒温度：-12℃~-18℃ ● 原生地：中国

    土壤条件 

细长的叶片使其能作为富有个性的背景植物。适合种植在落叶树的基部周围

	1	2	3	4	5	6	7	8	9	10	11	12
花										■	■	■
叶	■	■	■	■	■	■	■	■	■	■	■	■
红叶	■	■										

八角金盘

Fatsia japonica

八角金盘叶片油光发亮，叶形独特，像一只硕大的手掌，格外引人注目。它初冬盛开的白色花朵像绒绒的雪球一般，与墨绿色的叶片形成美丽的对比，能成为萧瑟的冬日花园里的点睛之笔。八角金盘的枝条会横向生长，所以不太适合种植在狭小的空间里。它会从地面持续不断地抽生枝条，多余的枝条可以在枝干基部进行疏剪。八角金盘比较强健，即使放任不管也可以生长良好，只是过于干燥会导致叶色不佳。种植在正午前后会接受到阳光的短日照环境的话，需要通过覆盖一层厚的护根材料来防止过于干燥。

搭配要点：如果你需要遮盖空调的室外机、美化与邻居家之间的墙壁，或者是想迅速遮盖花园里残损的景观，抑或是想打造好看的绿植背景，种植八角金盘是绝佳选择。它的株丛能覆盖地面，能起到抑制杂草生长的效果。

● 五加科 ● 常绿灌木或小乔木

● 高度：2~3m ● 冠幅：2~3m

● 耐寒温度：-9℃~-12℃ ● 原生地：日本

土壤条件 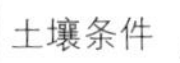 ~ 

初冬盛开的白色花朵，与浓绿光亮的叶片形成美丽的对比

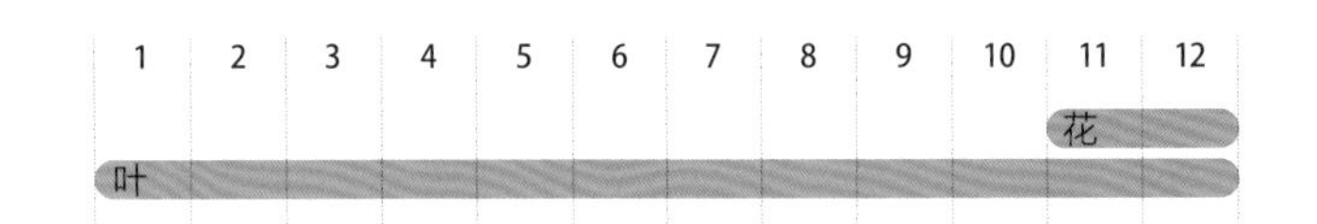

草莓树

Arbutus unedo

在少花的冬季，草莓树盛开的可爱小花形似铃兰，簇生在枝端。上一年的果实在这时候成熟，红色与黄色的果实点缀在枝头，可以同时欣赏到花果。枝干长粗后，树皮会像纸张一样剥落，露出独特的纹样。草莓树强健耐干燥。它原产于地中海沿岸地区，给人以喜阳的印象，但其实比起种植在夏季全天都能接受到日照的地方，种植在短日照环境下更有助于叶片维持美丽的墨绿色。草莓树生长比较缓慢，不会有徒长的枝条，在小花园里也能轻松养护。

搭配要点：草莓树四季常绿，叶片富有光泽，能成为很好的绿色背景植物。植株基部基本不会新长枝条，适合与萱草和亮叶忍冬等可以生长得浑圆饱满的植物进行组合，能起到协调的效果。

● 杜鹃花科 ● 常绿乔木或灌木

● 高度：2~5m ● 冠幅：2~5m

● 耐寒温度：-12℃~-18℃ ● 原生地：欧洲

土壤条件 

红花草莓树（*Arbutus unedo* f. rubra）：开出的花朵是桃红色的

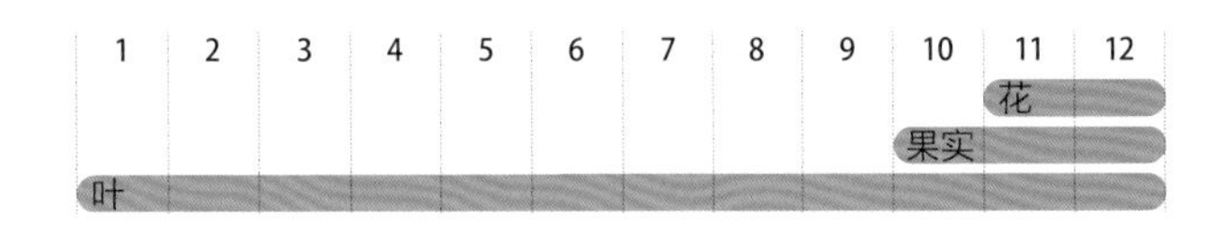

落新妇

Astilbe spp. & cvs.

落新妇是背阴花园不可或缺的存在之一。初夏，它纤细的花穗纷纷抽生而出，以其独特的姿态为花园增色。落新妇在日本的溪边等地有野生品种，以此为亲本改良而来的品种，只要注意避免干燥，栽培很容易。在温暖地区最适合种植于没有直射阳光的背阴环境，以避免叶片受损伤。

搭配要点：单株种植的话花穗稀少，观赏性不佳，以 3~5 株为一组进行密植，就能彰显出落新妇最大的魅力。落新妇花期不长，可以与彩叶或者花叶植物等适合长期观赏的植物进行组合。它十分适宜与玉簪搭配种植，它们的生长环境相似，还能增添不同的植株形态，如将落新妇种植在玉簪的后方，即使在花期结束后也不会显得孤寂。

● 虎耳草科 ● 多年生落叶草本
● 高度：30~50cm ● 冠幅：30cm
● 耐寒温度：−17℃~−23℃ ● 原生地：中国、日本

  土壤条件   ~ 

'小丛落新妇'（*A. chinensis* var. *pumila*）：与其他品种相比，花期推迟数周，植株较低，适合种植在花坛的前部

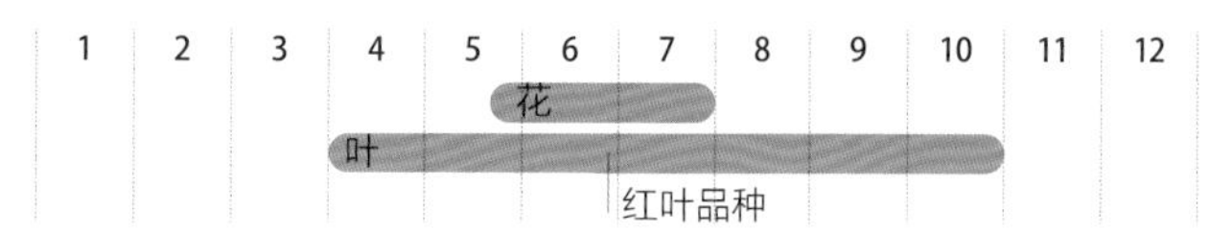

'巧克力将军'（*Astilbe* 'Chocolate Shogun'）：拥有美丽的铜红色叶片，花期后也能欣赏到其彩色的叶片

'终曲'（*Astilbe* 'Finale'）：是代表性的红花园艺品种，与红色叶片的矾根组合种植会显得很雅致

'桃色'（*Astilbe* × *rosea* 'Peach Blossom'）：其温柔的粉色花朵，与蓝色系玉簪组合种植的话，十分优雅

水甘草
Amsonia spp.

在春季，水甘草纤长的茎干上盛开星星点点的带清凉感的淡蓝色花朵。花期过后，它富有光泽的细长叶片，能持续为人们所观赏。在日本以水甘草之名被出售的大部分都是原产自北美的品种，但是很适应日本的气候，一旦扎根就不需要特别的养护了。只是夏季极端干燥气候会造成叶片损伤，需要通过覆盖厚厚的护根材料来保护植株基部。老桩的株型也不会散乱，不怎么需要进行分株，长时间放任生长也依然有观赏性。

搭配要点：虽然水甘草的植株会长得比较高，但是不怎么会横向生长，所以在狭小空间里也便于种植。到了秋季，它的叶片会变成鲜艳的金黄色，与栎叶绣球等叶片会变色的植物进行组合，就能欣赏到热闹的晚秋图景了。

● 夹竹桃科 ● 多年生落叶草本
● 高度：60~90cm ● 冠幅：30~50cm
● 耐寒温度：-35℃~-40℃ ● 原生地：北美、东亚

土壤条件 

狭叶水甘草（*A. tabernaemontana* var. *salicifolia*）：柳叶水甘草的变种。原产自北美东部，叶片更加细长

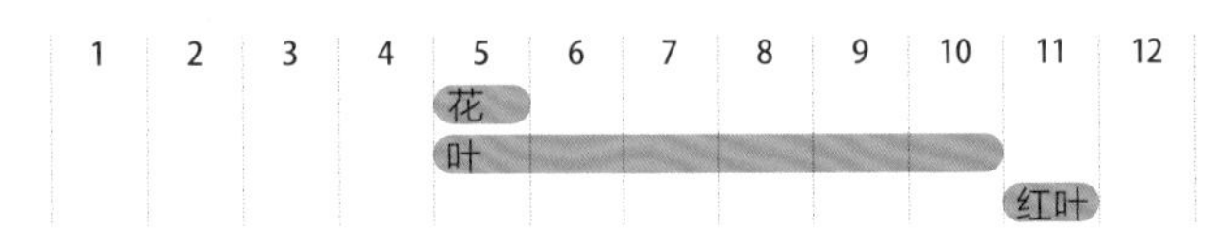

紫斑风铃草
Campanula punctata

这是一种原生于谷地路旁或森林边缘就有的植物。它的花朵呈吊钟状下垂开放，给人以柔美的印象，能营造出自然的氛围。紫斑风铃草花色多样，有白色、乳白色、桃红色、紫红色等。花后茎干枯萎，横走的地下茎在来年会萌发出新芽。如果过于干燥，会导致第二年萌发的新芽枯萎，因此需要避免将紫斑风铃草种植在正午前后会接受到日光照射的地方。有以本品种杂交培育而出的品种，像杂交风铃草‘萨拉斯托’（*Campanula hybrid* 'Sarastro'），开出的是鲜艳蓝紫色的花朵。

搭配要点：单株种植紫斑风铃草容易显得单薄，需多株密植。将其种植在玉簪这种有大片叶子的植物之间或者后面，可以遮蔽其花期后缺失魅力的样子。但是要注意避免它被完全隐没在叶片之下。

● 桔梗科 ● 多年生落叶草本
● 高度：60~90cm ● 冠幅：30cm
● 耐寒温度：-17℃~-23℃ ● 原生地：东亚

土壤条件 

花朵柔美，是自然感背阴花园不可或缺的存在

1	2	3	4	5	6	7	8	9	10	11	12
					花						

→叶缘白色、花朵也是白色的品种。可以作为花园的点睛植物

JBP-T.Maki

白及

Bletilla striata

白及是一款具有耐寒性的兰属植物，其深粉色的花朵能为春季的花园增添一抹温暖热闹的色彩。白及的叶片很像竹叶，挺拔而斜向伸展，因此种植间距要留得稍大些。白及耐热而强健，极少发生明显的病虫害。即使放任不管也能不断繁殖，对不需要的部分要适当间苗。虽然生长不会受到影响，但是为了维持好看的叶色，还是尽量避开正午前后的阳光直射为好。白及有白花色或花叶品种，更显得素雅。

搭配要点： 如果是有散射光的环境，将白及种植在矾根或匍匐筋骨草这样较低矮的植物之后，会显得很协调。白及与花韭的花期重合，生长环境也相似，是一对理想的搭档。

● 兰科 ● 多年生落叶草本
● 高度：30~45cm ● 冠幅：30~50cm
● 耐寒温度：-12℃~-18℃ ● 原生地：中国、日本

土壤条件 

S.Tsukie

形如竹子的叶片与粉红色花朵组合成独具个性的姿态。强健，不需要过多的打理

1	2	3	4	5	6	7	8	9	10	11	12
				花							

紫露草

Tradescantia cvs.

梅雨时节里，被雨水打湿后的紫露草别有一番风情。紫露草花为紫色，每朵花只开一天，但花开不断，整体花期长。紫露草能适应日本的气候，强健易繁殖，喜湿润环境，即使是排水不畅的地方也能种植。反过来讲，它不耐干燥，如果晒到正午前后的阳光会导致叶片褪色。如果紫露草叶片受损，可以直接把地上部分都割除，能促使它萌发新的茎，到了秋季就能重新开花了。当植株生长得很大、茎干拥挤混杂时，可以进行分株。

搭配要点： 彩叶品种即使不在花期，也能成为花园的焦点。紫露草植株底部比较空，可以将匍匐筋骨草或日本蹄盖蕨等种植在其基部周围。另外，把常绿的顶花板凳果种植在其前方，就可以在冬季到来时留下一抹绿意，遮蔽紫露草落叶期寂寥的样子。

● 鸭跖草科 ● 多年生落叶草本
● 高度：30~60cm ● 冠幅：30~50cm
● 耐寒温度：-29℃~-35℃ ● 原生地：北美

土壤条件

JBP-H.Imai

'甜蜜凯特'［*T.*（*Andersoniana Group*）'Sweet Kate'］：是叶色金黄的品种。与紫色花朵形成绝佳的配色

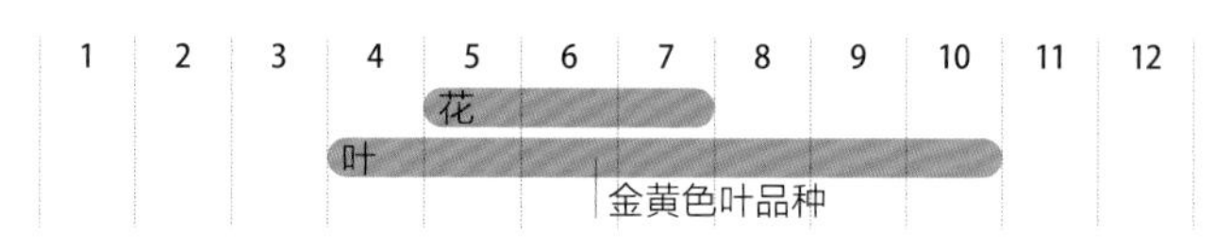

槭叶蚊子草

Filipendula purpurea

槭叶蚊子草最大的特征是叶片具有深裂，很像槭树。它初夏开花，长长的花茎上缀满了细小的淡红色花朵。槭叶蚊子草是自然杂交品种，从很久以前就传至日本进行栽培。槭叶蚊子草强健，只要是种植在富含有机质的湿润环境下，不需要特别养护，每年都能开花。过于干燥会导致其叶片损伤，美观度下降。此外，槭叶蚊子草容易受到白粉病侵害，需要选择通风良好的环境，同时避免干燥。也有开白花的品种。

搭配要点：槭叶蚊子草植株较高，适合种植在花坛的后部。可以将箱根草和玉簪等叶片大而繁密的植物种植在其前方，以在花期后转移关注点，忽略掉它花后的样子。另外，将槭叶蚊子草种植在低矮植物的后面，可以起到和背景树木之间的衔接过渡作用。

● 蔷薇科 ● 多年生落叶草本

● 高度：30~100cm ● 冠幅：30~50cm

● 耐寒温度：-17℃~-23℃ ● 原生地：自然杂交品种

  土壤条件  ~ 

花色十分显眼，具有野趣，曾经被作为茶花的替代品

1	2	3	4	5	6	7	8	9	10	11	12
					花						

虾膜花

Acanthus mollis

虾膜花曾经作为欧洲古代文明的图腾，它富有光泽的硕大的叶片十分引人注意。如果过于干燥，到了盛夏，它的叶片会逐渐变黄枯落，直到秋季才再重新长出。虾膜花初夏开花，它纤长的花茎上会开满独具个性的白色花朵。其花苞带有尖锐的刺，触碰的时候要多加小心。虾膜花不择土壤，可以适应多种环境，但是极度干燥会导致叶片颜色不佳。如果将虾膜花种植在正午前后会接受到日照的背阴环境，要增加土壤里有机物的含量，以提高土壤的保水能力。如果植株长得太大了，可以分株。

搭配要点：花期之外，虾膜花独具个性的叶片也具有观赏价值。因为它的叶片会向四周生长，需要选择较宽敞的场所来种植。虾膜花植株姿态端庄稳重，极具存在感，种植在建筑物旁或围墙边上，可以让冷冰冰的钢筋混凝土变得富有生机。

● 爵床科 ● 多年生常绿草本

● 高度：60~150cm ● 冠幅：50~100cm

● 耐寒温度：-17℃~-23℃ ● 原生地：地中海沿岸地区

   土壤条件 

不论是像枪一样的花，还是巨大的叶片，都独具个性

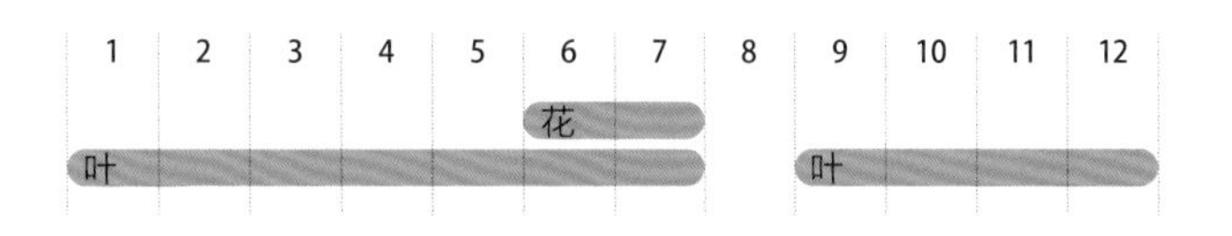

萱草

Hemerocallis cvs.

从繁茂的植株中开出硕大的漏斗状花朵，成为初夏花园里最引人注目的华彩，这就是萱草。尽管萱草的单花花期只有一天，但它会一朵接一朵地开放，整体花期较长。虽说日照时间越长花量越大，但是在短日照环境下，萱草的花量已经十分可观了。由于园艺种萱草选用了日本原生种作为亲本，所以非常适应日本的气候，耐热性好、生长强健、养护简单。萱草被大范围地育种改良，花形、花色各异的园艺种层出不穷、数不胜数，现在还有了常绿品种和多次开花的品种。

搭配要点：萱草最适合种在木本植物基部，保护树根基部避免阳光直射。推荐将萱草同绣球类植物搭配种植，两者不论植株形态还是高度都非常匹配。在绣球蓝紫色花朵和萱草淡黄色花朵的搭配下，夏日气息扑面而来。

● 萱草科 ● 多年生落叶、半常绿、常绿草本
● 高度：50～120cm ● 冠幅：60～90cm
● 耐寒温度：-23℃～-28℃ ● 原生地：中国、日本、朝鲜半岛

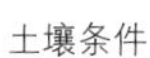
土壤条件

硕大的漏斗状花朵依次开放，观赏期长

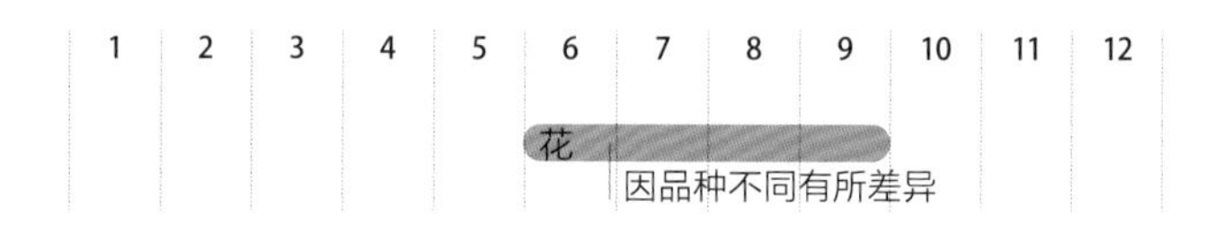

秋海棠

Begonia grandis

秋海棠是具有耐寒性的秋海棠属植物，它的耐阴性非常强，在非常阴暗的背阴处也可以健康生长。夏末，它会长出红色花茎，开出可爱的桃粉色花朵，成为点缀阴暗空间的亮色。秋海棠的花分雌雄，在花瓣基部有像翅膀似的部位（即子房）的是雌花，花瓣直接与花柄相连的是雄花。秋海棠性喜富含有机质的潮湿土壤，不耐干燥。秋季，秋海棠的茎叶腋会长出珠芽，通过播种珠芽，可以简单地进行繁殖。

搭配要点：在湿润阴暗的环境中能开出亮眼的桃粉色花朵，秋海棠的这一特性十分难能可贵。因为冬季地面以上的部分会枯萎，所以将秋海棠种在紫金牛、铃兰、顶花板凳果等常绿植物的后边较为合适。如果想使株型上有对比以此来进行搭配，秋海棠也很适合同玉簪、掌叶铁线蕨等组合种植。

● 秋海棠科 ● 多年生落叶草本
● 高度：45～60cm ● 冠幅：50cm
● 耐寒温度：-9℃～-12℃ ● 原生地：中国

土壤条件

在墨绿色叶片的映衬下，柔和的桃粉色花非常醒目

1	2	3	4	5	6	7	8	9	10	11	12
							花				

杂交银莲花

Anemone × hybrida

日本的杂交银莲花是以历史上传播到日本的秋牡丹（红花重瓣）的近缘种为中心杂交而成的品系。杂交银莲花地下茎发达，可长成大型植株，产生巨大的花量。杂交银莲花喜爱有机质丰富的湿润环境，不耐干燥。杂交银莲花总体上非常强健，只要生长环境适宜，不多加管理也可以长得很好，但如果通风不好，杂交银莲花易发白粉病。在日本，杂交银莲花也经过了反复育种，近来也培育出了矮生品种。

搭配要点：杂交银莲花是难得的秋季开花的植物，这时开花的植物已经逐渐减少。杂交银莲花很适合与花期相同的紫菀、台湾油点草等搭配种植，株型较高的品系适合作为花坛的背景，搭配在后方形成整个花坛的骨架；而矮生品种适合种植在花坛前部，与匍匐筋骨草、野芝麻属等彩叶植物搭配。

- 毛茛科 ● 多年生半常绿草本
- 高度：40～150cm ● 冠幅：40～60cm
- 耐寒温度：-17℃～-23℃ ● 原生地：中国

    土壤条件 

植株长大后，花量也会增加，花朵在秋风中上下左右摇曳的样子非常漂亮

心叶紫菀

Symphyotrichum cordifolium

心叶紫菀是紫菀属植物中相对而言耐阴性较强的植物，短日照背阴环境下开花也不是问题，它能开出满满的像雏菊似的桃粉色小花，是秋日花园里最美的色彩。只要在6月下旬之前强剪一次，就可以避免倒伏、抑制株型，而又不影响开花。大多数紫菀属植物都会因菊方翅网蝽啃食而在叶片上产生白色碎斑，本种相对而言所受危害较轻，能以比较漂亮的状态度过夏季。心叶紫菀可以通过分株简单地繁殖。市面上还有心叶紫菀同荷兰菊杂交而来的园艺种“小卡洛”（*Aster* ‘Little Carlow’）。

搭配要点：因为花期在秋季，所以心叶紫菀可以与同期开花的杂交银莲花、台湾油点草等搭配，在开花植物较少的秋季，打造花园中的一个亮点。

- 菊科 ● 多年生落叶草本
- 高度：60～100cm ● 冠幅：45～60cm
- 耐寒温度：-29℃～-35℃ ● 原生地：北美

  土壤条件 ～

富有野趣的淡桃粉色小花

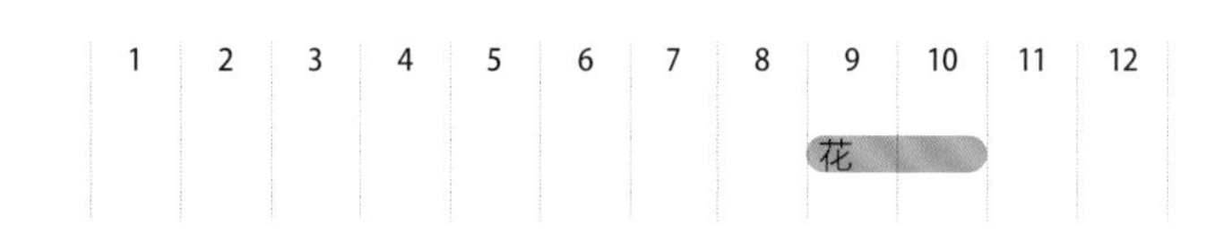

台湾油点草

Tricyrtis formosana

尽管油点草属植物也有原生于日本的品种，但多数过于纤弱，不适合种植在花园中；但台湾油点草生性强健，通过发达的地下茎逐渐壮大长成大型植株后，每年秋季都可以开花。市面上对油点草属植物一般都冠以“油点草”流通，分辨台湾油点草的要点在于它的花着生于茎顶端且开花向上，并有地下茎，但辨别起来还是比较困难的。目前也有将台湾油点草与日本原生种杂交而产生的园艺种。只要是在潮湿的环境中，即使是向阳处，台湾油点草也可以健康生长；反之，如果极端干燥，台湾油点草会叶尖枯黄，影响观赏性。台湾油点草可以通过分株简单地进行繁殖。

搭配要点： 秋季开花植物较少，花期在秋季的台湾油点草是此时重要的开花植物，可以与同期开花的杂交银莲花、紫菀等组合，形成秋季特有的花境。

● 百合科 ● 多年生落叶草本

● 高度：60～80cm ● 冠幅：40～60cm

● 耐寒温度：–13℃～–23℃ ● 原生地：中国、日本

 土壤条件  ～ 

台湾油点草非常强健，开出的花具有秋日情趣

1	2	3	4	5	6	7	8	9	10	11	12
								花			

橐吾

Ligularia cvs.

橐吾的最大特征是叶片又大又圆、具有光泽。除了绿叶品种外，橐吾还有若干暗褐色叶的园艺品种。暗褐色叶的品种在春季刚发芽的时候，在类似落叶树下的环境中只要晒到一点太阳，就能够呈现出鲜艳的叶色，但如果环境太过阴暗，则叶色会偏绿。随着春去夏来，其暗褐的叶色逐渐变淡转绿。橐吾在盛夏开放的橙色花朵能够与叶色形成非常强烈的对比。橐吾性喜富含有机质的潮湿环境，在排水不佳的潮湿地带也可以生长良好，但必须避开干燥环境。因为在过于炎热的环境中橐吾的叶片很容易萎蔫，因此应尽量选择没有直射阳光的凉爽环境种植。

搭配要点： 橐吾绝无仅有的圆形古铜色叶片是花园的最佳点缀。为管理方便，建议将橐吾与紫露草、圆叶过路黄等偏好潮湿环境的植物搭配在一起种植。

● 菊科 ● 多年生落叶草本

● 高度：60～90cm ● 冠幅：45～60cm

● 耐寒温度：–29℃～–35℃ ● 原生地：中国、日本

土壤条件 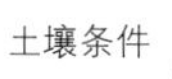 ～ 

齿叶橐吾‘克劳福德’（*Ligularia dentata* ‘Brit-Mrie Crawford’）：在所有暗褐色叶的品种中，它的深褐叶色也是数一数二的

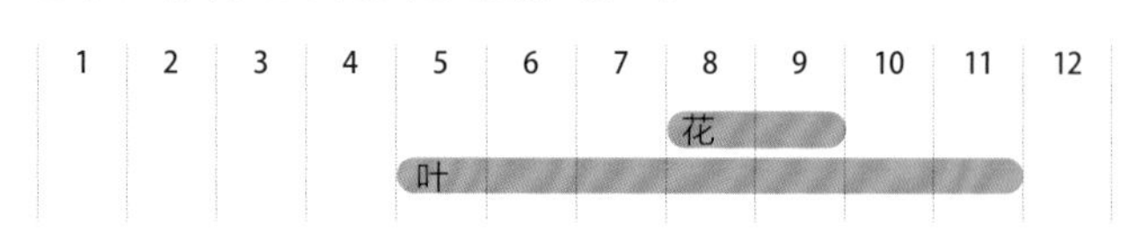

带有花香的玉簪‘彩色玻璃’的花

玉簪

Hosta spp.& cvs.

玉簪是背阴花园中不可或缺的植物。玉簪的园艺品种数不胜数，品种间的差异可谓是大相径庭，叶片的颜色和大小、株型、花的颜色和香味各异。由于其园艺品种的亲本里有生长自日本山野中的原生种，因此它非常适应日本的气候，不需管理也能长得很好。玉簪的株型不会因其生长而散乱，只要空间足够大，可以通过将玉簪培育成大株以获得更好的观赏性。玉簪喜爱富含有机质的潮湿土壤，有散射光的背阴地是种植玉簪最理想的环境，但一般而言，绿叶品系和黄叶品系的玉簪也可以经受一定程度的阳光直射。

搭配要点：玉簪是能够作为花园亮点或是骨架的植物，推荐读者以中意的玉簪为中心，将各类多年生草本植物种植在其周围进行搭配。通过将玉簪与落新妇、紫露草等进行搭配，可以获得更丰富的色彩、更多样的形态，使各种植物间相互衬托。

● 门冬科 ● 多年生落叶草本

● 高度：15～70cm ● 冠幅：15～70cm

● 耐寒温度：-29℃～-35℃ ● 原生地：中国、日本、朝鲜半岛

→绿叶、黄叶品种 | 土壤条件

‘爱神’：该园艺品种的亲本是原生于中国的圆叶玉簪，夏季开芳香的白花

‘秋月’：黄叶系园艺品种的代表，中型品种，小花园也可以种植

玉簪‘寒河江’：日本选育的大型品种，会长得比较高，建议种在花坛后方

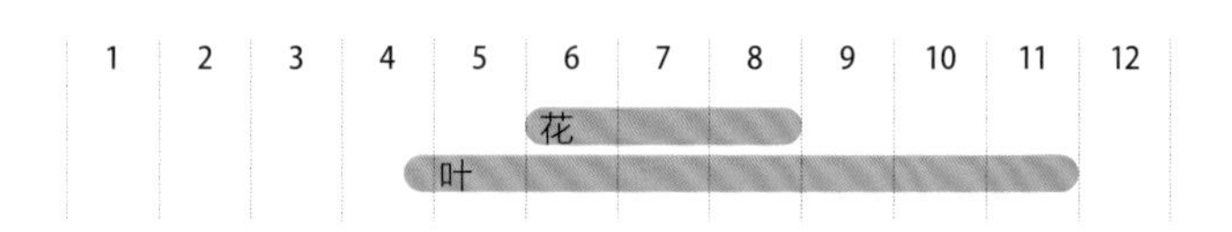

‘法兰西威廉’：很有名的传统大型品种，典雅的花叶非常百搭

荚果蕨

Matteuccia struthiopteris

荚果蕨的明亮绿叶，一天天像喷泉一样伸展开来，向人们宣告着春季的到来。荚果蕨也被叫作“黄瓜香”，新芽可食用。荚果蕨通过地下茎的伸长繁殖扩散，有可能会在你意想不到的地方长出来，如果是刚刚发芽的，徒手就可以很容易地拔除，所以想要间苗就要尽早。荚果蕨不耐干燥，适合种在没有直射阳光的阴湿环境。

搭配要点：荚果蕨的植株壮大后，叶片会展开得很大，不太适合种在窄小的环境中。在荚果蕨发芽时恰好可以作为这时开花的大叶蓝珠草、肺草、猪牙花‘佛塔’、福禄考等植物的背景，组合成一幅自然的春日景观。盛夏高温会使荚果蕨的叶片受损，因此将荚果蕨与夏天也生长繁茂的玉簪等植物搭配种植，可以维持花园的整体美观度。

荚果蕨刚刚发芽时。通过发达的地下茎，荚果蕨可以发展成为很大的群落

● 别名：黄瓜香 ● 球子蕨科 ● 多年生落叶草本
● 高度：80～100cm ● 冠幅：80～100cm
● 耐寒温度：-35℃～-40℃ ● 原生地：北半球温带地区

土壤条件 

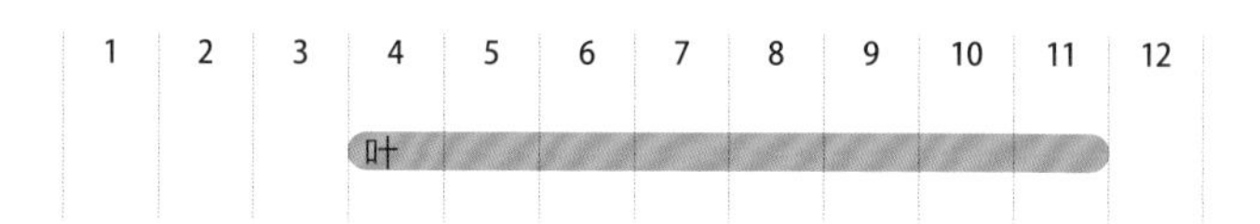

掌叶铁线蕨

Adiantum pedatum

掌叶铁线蕨株型柔美，带有两排小叶的叶柄随风摇曳，能给花园带来安详的气息。它的新叶是有令人赞叹的美丽红色，在绿色植物中格外引人注目。掌叶铁线蕨红色的新叶会渐渐变为绿色，黑色的叶柄与绿色的叶片组成漂亮的色彩对比。要保持掌叶铁线蕨叶片的状态，必须要避免干燥，可以通过向土壤中加入大量有机质，来提高土壤的保湿性。另外，要将掌叶铁线蕨栽种在阳光无法直射的背阴处。

搭配要点：可以将掌叶铁线蕨与具有大而圆叶片的植物搭配，例如玉簪或橐吾等，通过巨大反差来进一步突显掌叶铁线蕨纤细的质感。而通过与春季开花的草本植物配搭，或是与有着金色新芽的青荚叶‘黄金叶’等组合种植，可以使春日花园的景色更加华美。

↑到了夏季，叶色会变为具有清凉感的绿色

在绿色植物的衬托下，带有红色的美丽新芽格外引人注目

● 铁线蕨科 ● 多年生落叶草本
● 高度：30～70cm ● 冠幅：30～50cm
● 耐寒温度：-35℃～-40℃ ● 原生地：日本至喜马拉雅、北美东部

土壤条件 

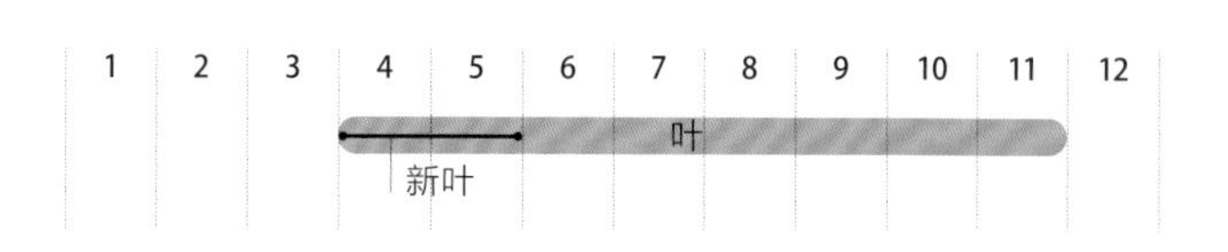

红盖鳞毛蕨

Dryopteris erythrosora

红盖鳞毛蕨的红铜色新芽，仿佛火焰燃烧般美丽。它的叶色会渐渐变成绿色，有光泽的常绿叶片可以为花园长时间提供绿意。在野外有原生的红盖鳞毛蕨，它的耐热性非常好。尽管它能够耐受一定程度的干燥，但要确保叶片的美观，最好栽种在富含有机质的、有一定湿度的土壤中。

搭配要点：如果种在比较阴暗的环境中，例如被建筑物包围的背阴环境里，红盖鳞毛蕨很难发出红色的新芽。红盖鳞毛蕨可以作为地被植物使用，通过群植，可以更有力地展现出它的魅力。其也非常适合栽种在绣球、青荚叶等落叶低矮灌木下。当与具有大而圆叶片的玉簪、橐吾等植物组合种植时，则会突显出红盖鳞毛蕨叶片的纤细质感，为花园增添丰富生动的变化。

- ● 鳞毛蕨科 ● 多年生常绿草本
- ● 高度：40～70cm ● 冠幅：40～70cm
- ● 耐寒温度：-9℃～-12℃ ● 原生地：中国、日本、朝鲜半岛

土壤条件 

红盖鳞毛蕨的新叶带有红色或橙色，异常美丽

1	2	3	4	5	6	7	8	9	10	11	12
叶											
			新叶								

蜘蛛抱蛋

Aspidistra elatior

蜘蛛抱蛋具有独特的株型，从地下茎直接向上长出叶片，非常引人注目。一直以来，大多数人认为蜘蛛抱蛋的原生地是中国，但根据最近的调查，其原生地也包括从日本的九州南部到吐噶喇群岛的岛屿。在春季的时候，蜘蛛抱蛋会在接近地面的地方开出红紫色的花，非常不显眼，不仔细看的话都不会注意到。古时候人们就栽培蜘蛛抱蛋，是为了用它的叶片包裹食物，或是把花叶品种作为观赏用。蜘蛛抱蛋耐干旱，非常强健，放任不管也可以长得很好，但要保持叶片光洁，最好种在直射阳光照不到的阴湿环境中。即使在非常阴暗的环境中，蜘蛛抱蛋也可以健康生长。

搭配要点：在极度阴暗的环境中也可以栽种蜘蛛抱蛋，例如被建筑物包围的阴暗环境。绿叶品种的蜘蛛抱蛋叶色浓绿，会给人带来阴暗的感觉，可以使用花叶品种来营造明快的氛围。

- ● 天门冬科 ● 多年生常绿草本
- ● 高度：60～90cm ● 冠幅：30～60cm
- ● 耐寒温度：-9℃～-12℃ ● 原生地：中国、日本

土壤条件 

'旭日'：叶片上的白色渐变斑纹，能给背阴处带来明快的氛围

1	2	3	4	5	6	7	8	9	10	11	12
叶											

亮叶忍冬

Lonicera ligustrina var. yunnanensis（异名*Lonicera nitida*）

亮叶忍冬，富有光泽的细叶紧密排布在枝条上，因其易于分枝，能形成繁茂的株型，且株幅适中，在窄小环境中也便于养护。春季，亮叶忍冬会开出小小的乳白色花，但不怎么起眼。园艺品种的亮叶忍冬选育有柠檬色叶、花叶等多种叶色，可以成为背阴花园的一抹亮色。受到霜打之后，亮叶忍冬的叶片会带有红紫色。尽管其非常强健，但如果在夏季受到西晒，会因为过度干燥而导致叶片焦黄或是凋落。通过使用覆盖物护根能够避免土壤干燥。

搭配要点：亮叶忍冬常用作小型多年生草本植物的背景。将其柠檬色的叶与老鹳草青紫色的花搭配起来，可形成强烈的对比。将亮叶忍冬栽种在绣球等落叶低矮灌木脚下也非常合适，其叶常绿，可以为冬季枯黄的景色增添一抹绿意。它也非常耐修剪，可以用作低矮的绿篱或是地被。

● 忍冬科 ● 常绿灌木

● 高度：30～60cm ● 冠幅：60～90cm

● 耐寒温度：-12℃～-18℃ ● 原生地：中国西南部

土壤条件  

金叶亮叶忍冬：非常具有代表性的园艺品种，叶色为柠檬绿

	1	2	3	4	5	6	7	8	9	10	11	12
叶	●	●	●	●	●	●	●	●	●	●	●	●
红叶	●	●										

日本茵芋

Skimmia japonica

日本茵芋雌雄异株，其园艺品种包括可供赏花的雄株和可供赏果的雌株。要想日本茵芋结出果实的话，必须要同时种植雌株和雄株。秋季，它大串红色果实与具有光泽的深绿色厚实叶片可以形成漂亮的对比；春季，它一朵朵清香的小花组成的大花穗在墨绿色叶片的衬托下显得更加夺目。因为日本茵芋性喜富含有机质的有一定湿度的土壤，不喜干燥，要尽量避开直射阳光的地方种植。

搭配要点：尽管日本茵芋耐阴，在无日照环境也可以生长，但过于阴暗的环境不利于开花。日本茵芋鲜明整洁的叶片在冬季也非常具有存在感，将它种在落叶植物之间，可以为冬日的寂寥景色添上一抹绿色。在比较狭窄的空间中，日本茵芋常作为低矮草花的常绿背景树。

● 芸香科 ● 常绿灌木

● 高度：60～120cm ● 冠幅：90～150cm

● 耐寒温度：-12℃～-18℃ ● 原生地：中国、日本

土壤条件 

←在秋季成熟的红色果实可以一直欣赏到冬季

'鲁贝拉'：雄株品种，红紫色的花蕾与白色的花形成对比，非常漂亮

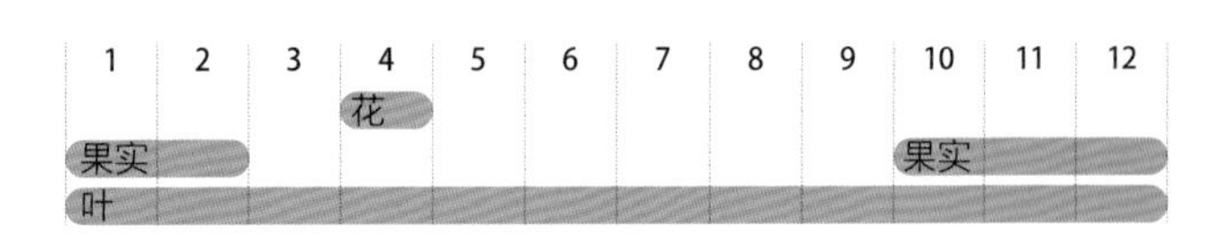

草珊瑚

Sarcandra glabra

草珊瑚在日本，是节日里不可或缺的吉祥花。它具有光泽的叶片，与秋季结出的红色果实可以形成漂亮的对比。草珊瑚的果实结在茎的最顶端，非常醒目，加上它花期长，所以被当作日本的年宵鲜切花。尽管草珊瑚的耐阴性强，可以在阴暗环境里生长，但开花性会变差。草珊瑚强健，不需管理也可以长得很好，但如果接受到正午前后强烈的日照，叶片会被晒焦，而影响美观。草珊瑚的叶片受到寒风吹会致受损，因此最好种在被其他植物环绕的环境中。草珊瑚的花为白色、细小，不具备太大的观赏价值。

搭配要点：因为草珊瑚的叶片颜色明亮并具有光泽，基本上不会有阴暗的感觉。如果种在窄叶青木前面，那么以窄叶青木的浓绿叶色作为背景，草珊瑚红色的果实将更加引人注目，还能同时欣赏到多样的叶色。

● 金粟兰科 ● 常绿灌木

● 高度：50～80cm ● 冠幅：30～60cm

● 耐寒温度：-6℃～-9℃ ● 原生地：亚洲暖温带至亚热带

  土壤条件  

在具有光泽的明亮绿色叶片的映衬下，红色果实格外引人注目

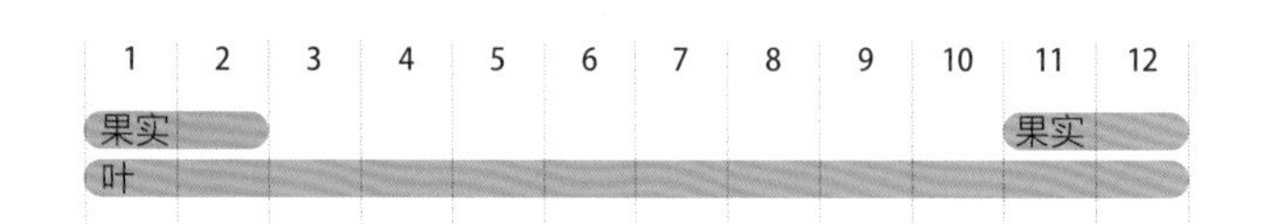

朱砂根（富贵子）

Ardisia crenata

野生的朱砂根（富贵子）常生长在人工杉木林等林地地区。它在非常阴暗的地方也能健康成长，比生长在相似环境中的草珊瑚耐阴性更强。秋季成熟的红色果实会垂下来，与具有光泽的墨绿色叶片形成鲜明对比，观赏期很长。它借助鸟类传播种子，可以自然生长。因为名字寓意好且果实美观，朱砂根（富贵子）也和草珊瑚一样，在日本常作为新年的装饰植物。朱砂根（富贵子）强健，性喜有一定湿度的环境，如果接受到正午前后的强烈日照，叶片会被晒焦而影响美观。

搭配要点：朱砂根（富贵子）株型紧凑，在狭小的地方也易于搭配种植。因其基本不会分枝，可将数棵种在一起形成规模，显得更加美观。红叶品种的朱砂根（富贵子）对于以深绿色为主的背阴花园而言，是不可多得的彩色珍宝。

● 别名：富贵子 ● 紫金牛科 ● 常绿灌木

● 高度：40～100cm ● 冠幅：30～60cm

● 耐寒温度：-12℃～-15℃ ● 原生地：日本至印度北部

   土壤条件 

‘红孔雀’：稍显黑色的红紫色叶片上，带有红色斑纹

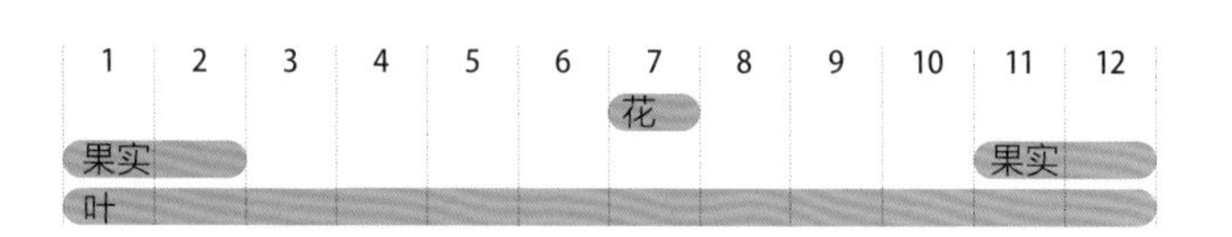

香堇菜

Viola odorata

香堇菜具有光泽的深绿色叶与深紫色花，能形成漂亮的对比。香堇菜花带强香，能够让周围整个环境飘有甜香，让人不得不注意到它的绽放。香堇菜的耐阴性强，在高大树木形成的茂密树荫下这样的阴暗环境中也可以正常开花。香堇菜不喜干燥，适合种在富含有机质的有一定湿度的环境。只要是在背阴凉爽处，温暖地带也可以种植香堇菜，并长成大株。以“香堇菜”作为商品名流通的植物另有其种，可能会造成消费者混淆，通常市面上流通的“重瓣香堇菜”并不是香堇菜，而是 *Viola* sp.‘Parma'的杂交种。

搭配要点：因为香堇菜株型很小，在狭小的地方也易于种植搭配，适合种在各种植物的脚边。因为香堇菜在多数植物休眠时开花，也很适合散种在落叶品种植株之间。

● 堇菜科 ● 多年生常绿草本

● 高度：10～15cm ● 冠幅：20～40cm

● 耐寒温度：-10℃～-15℃ ● 原生地：西亚至欧洲

   土壤条件 

香堇菜紫色的花开放后，周边都飘着甜甜的香味

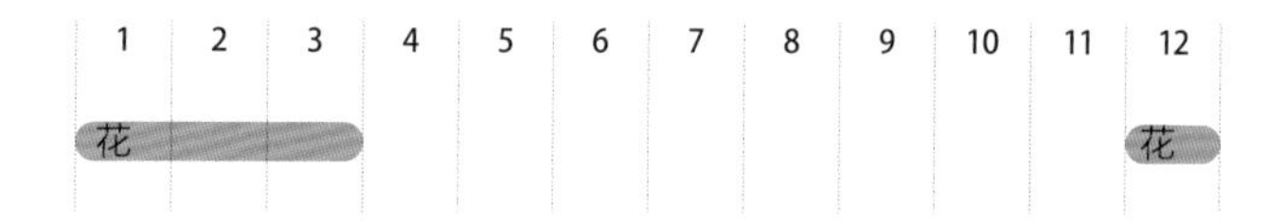

大雪滴花

Galanthus elwesii

在多数植物还在休眠的早春，大雪滴花从灰绿色的叶间长出花茎，开出低着头的惹人怜爱的白色花朵。在初夏，大雪滴花的叶片枯萎，进入休眠期。落叶树下是种植大雪滴花的理想环境，能够让大雪滴花在开花时接受日照，而在夏季休眠时又恰好处在凉爽的树荫下。如果大雪滴花在生长过程中遭受干旱，会导致其在养分还未能得到充分累积前进入休眠状态，这样，很可能导致其第二年只长叶而不开花。大雪滴花喜爱富含有机质的松软土壤，最好能够对土壤进行改良。

搭配要点：可以将大雪滴花与小花仙客来、铁筷子等同期开花、喜爱落叶树下背阴环境的植物搭配起来。大雪滴花可以种在金缕梅的脚下，或者与红瑞木的红色枝条搭配起来，将成为冬季枯寂花园的华彩。大雪滴花单株非常小，应尽可能群植。

● 石蒜科 ● 落叶多年生草本（球根植物）

● 高度：15～20cm ● 冠幅：15cm

● 耐寒温度：-30℃～-35℃ ● 原生地：巴尔干半岛

  土壤条件 

在冬季枯寂的花园里，开得最早的大雪滴花宣告着春天的脚步已经临近

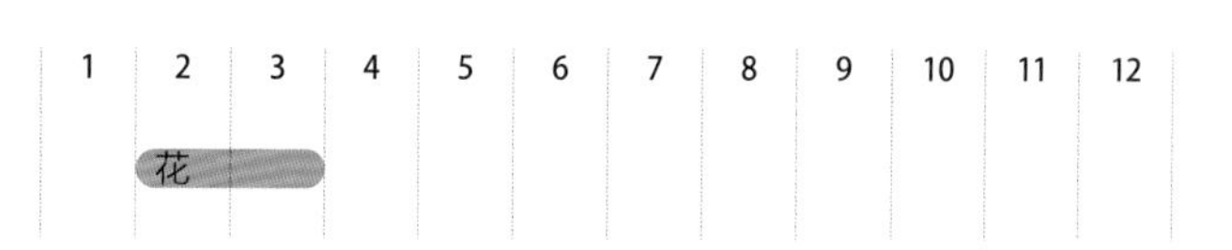

铁筷子

Helleborus spp.

铁筷子是背阴花园中不可或缺的多年生草本植物，在很少有花的冬季到早春期间，能承担起为花园带来华丽色彩的重担。种植铁筷子的最理想环境是落叶树下，从冬季到初夏铁筷子可以晒到阳光，而夏季休眠期又正好在树荫下。但实际上铁筷子对环境的适应能力很强，种在整年都晒不到太阳的建筑物背阴处、常绿树下等也可以开花。应将铁筷子种在富含有机质、排水性和保水性均较好的土壤中。

搭配要点：因为铁筷子夏季会休眠，所以种在无日照环境中也没有问题。如果将铁筷子种在典型的耐阴植物玉簪和箱根草中间，夏季铁筷子可以隐藏在它们的叶片中，而当玉簪等植物落叶后，它就将成为主角。如果将铁筷子种在棣棠花或绣球等落叶灌木脚边，也可以获得同样的观赏效果，从而使花园全年都有较强的观赏性。

● 别名：圣诞玫瑰 ● 毛茛科 ● 多年生常绿草本
● 高度：30～50cm ● 冠幅：40～60cm
● 耐寒温度：-30℃～-35℃ ● 原生地：欧洲

  土壤条件 

→**杂交铁筷子**（*Helleborus* × *hybridus*）：通过杂交，形成了多种花色、花形，生性强健、易于种植

暗叶铁筷子（*Helleborus niger*）：是最早开花的铁筷子品种，宣告着春日的临近

欧獐耳细辛日本变种（雪割草）

Hepatica nobilis var. *japonica* cvs.

冬季过后冰雪融化，雪割草是其原生地最早开花的植物。其园艺品种拥有丰富的花色和花形，多是由花朵变异较多的大獐耳细辛（*Hepatica nobilis* var. *japonica* f. magna，原生于日本靠近日本海一侧）杂交选育而来的。在原生地，雪割草在冬季会被积雪覆盖保护，如果被寒风直接吹到，叶片会受损而影响观赏性。能够得到早春阳光充分照射的落叶树下是种植雪割草的理想环境，雪割草喜爱富含有机质且潮湿的环境。“雪割草”是日本原生的獐耳细辛属植物的总称。在日本，报春花属的植物也被叫作“雪割草”。

搭配要点：虽然也可以单独将雪割草种在落叶树脚下，但这样的话，到夏季时，只剩下雪割草的叶片，难免略显单调；建议将雪割草种在玉簪、日本蹄盖蕨等夏季展叶、冬季地上部分枯萎的植物中间，这样就不会产生空缺，花园一整年都有较强的观赏性。

● 别名：雪割草、三角草、沙洲草 ● 毛茛科 ● 多年生常绿草本
● 高度：10～20cm ● 冠幅：10～20cm
● 耐寒温度：-15℃～-18℃ ● 原生地：日本

 土壤条件 

春天一到，雪割草会抢先于其他植物，开出小小的惹人怜爱的花朵

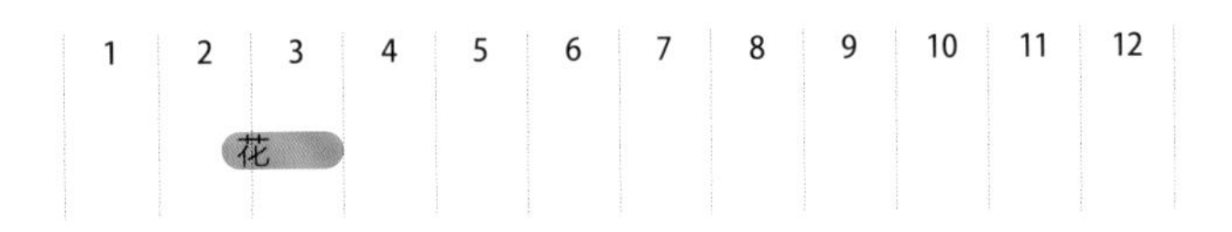

仙客来

Cyclamen spp.

在日本可以室外栽培的原生种仙客来包括秋季开花的角叶仙客来（常春藤叶仙客来）和冬季开始开花的小花仙客来（科慕仙客来）2 种，均是球根越大则开的花越多、越壮观。原生种仙客来的叶片很有特点，有深绿色的品种，有带白斑的品种，还有整个叶片都是非常漂亮的银白色的品种等。夏季，原生种仙客来地上部分枯萎休眠，等到秋季再重新开始生长。生长期向阳、休眠期荫蔽凉爽的环境是仙客来生长的理想环境。仙客来喜欢富含有机质、有一定湿度且排水良好的环境，非常适合种植在地面稍倾斜的地方。

搭配要点：仙客来最适合种在落叶树的脚边。小花仙客来与铁筷子花期相同，都是冬末到春季开花的植物，是一对很好的搭档。

● 报春花科 ● 落叶多年生草本（球根植物）
● 高度：10 ~ 15cm ● 冠幅：10 ~ 20cm
● 耐寒温度：−23℃ ~ −28℃ ● 原生地：地中海沿岸区域

   土壤条件  ~ 

→**角叶仙客来**（*Cyclamen hederifolium*，别称常春藤叶仙客来）：花就像是缩小版的园艺仙客来，在秋天开花

小花仙客来（*Cyclamen coum*）：一到冬天，就会开始绽放出花径 2cm 左右的可爱小花

肺草

Pulmonaria cvs.

多变的银白色花纹印染在肺草有光泽的叶片上。春天，在多年生落叶草本植物的叶片展开之前，肺草已经早早长出了许多花茎，开出大量从红色到紫色的花朵。肺草喜爱有一定湿度的环境，如果土壤干燥的话叶片边缘就会焦枯。高温时的直射阳光往往会导致肺草叶片晒伤、叶色焦黄，在温暖地区种植肺草的话需要将其种在没有直射阳光的凉爽环境，并通过铺上厚厚的护根材料防止地温升高。经过反复杂交，现在已经选育出了多种花色和叶色的园艺品种，叶片细长的品系（长叶系 *Utricularia longifolia*）耐热性更佳。

搭配要点：为了使肺草叶片的斑纹长得更明晰美观，需要让其能够在早春时节接受阳光直射，所以落叶树下是种植肺草的理想环境。但如果种在无日照环境中，肺草也能正常生长。

● 紫草科 ● 常绿、半常绿多年生草本
● 高度：30cm ● 冠幅：30 ~ 40cm
● 耐寒温度：−30℃ ~ −35℃ ● 原生地：欧洲

  ◑ 土壤条件 

肺草'戴安娜克莱尔'（*Pulmonaria longifolia* 'Diana Clare'）：是长叶系的品种，耐热性非常好

岩白菜

Bergenia cvs.

岩白菜的叶片厚实有光泽、又大又圆，在花园中有着很强的存在感。早春，岩白菜会长出鲜红色的花茎，开出大量粉色的花，其花与花茎与深绿色的叶片形成非常鲜明的对比，十分美丽。岩白菜的另一个看点是严寒时期叶片颜色会转红。岩白菜的栽培非常容易，一旦扎根就可以耐受干燥土壤，即使接受一些直射阳光照射也不会导致叶片损伤。岩白菜的老叶会渐渐枯萎，因此需要定期进行清理。如果植株老化，那么植株的中心部分将产生空洞，这时就需要分株了。它可以适应各种日照条件。

搭配要点：因为岩白菜的叶片可以在全年都保持美观的状态，所以可以与箱根草、玉竹等落叶品种搭配种植，或种植在落叶树脚下做地被植物。

● 虎耳草科 ● 多年生常绿草本

● 高度：30cm ● 冠幅：40cm

● 耐寒温度：-30℃～-35℃ ● 原生地：中国、俄罗斯

↑严寒时节，岩白菜的叶片会被染成红色

除了拥有粉色的花，全年叶片都很美观也是岩白菜的魅力之一

蓝铃花

Hyacinthoides spp.

蓝铃花是秋植球根植物。当冬季休眠的多年生草本植物开始发芽时，它会开出大量小小的吊钟形花朵；初夏，蓝铃花叶片枯萎，地上部分消失，进入休眠状态。蓝铃花原生于落叶树林的林床上，如遇干燥，则会在养分未能充分积累之前进入休眠状态，导致第二年的开花数量减少。通常市面上流通的有西班牙蓝铃花（*Hyacinthoides hispanica*）和英国蓝铃花（*Hyacinthoides non-scripta*）两个品种，两者非常相似，后者体形较小，花茎呈弓形下垂，而在温暖地区前者更易栽培。

搭配要点：可以通过将蓝铃花种在落叶树下来营造自然的花园景观。如果仅仅种植蓝铃花，那么当它休眠时花园中将会产生空当，因此建议将蓝铃花群植在其他植物中间。为保证满足蓝铃花光合作用需要的日照条件，最好与淫羊藿等不是很高的植物搭配种植。

● 别名：野风信子 ● 天门冬科 ● 多年生落叶草本（球根植物）

● 高度：20～40cm ● 冠幅：20～30cm

● 耐寒温度：-30℃～-35℃ ● 原生地：地中海沿岸地区

西班牙蓝铃花（*Hyacinthoides hispanica*）：粗壮的花茎上着生大量吊钟状花朵

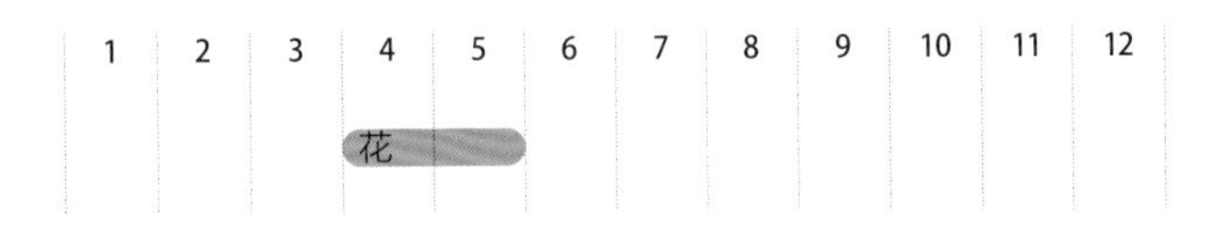

猪牙花

Erythronium ssp. & cvs.

猪牙花广泛分布在北半球的温带地区。原生于日本的猪牙花会在积雪融化之后、落叶树发芽之前，开出楚楚动人的粉色花朵，开花后仅仅 1 个月，猪牙花的地表部分就会枯萎，进入休眠期。黄花猪牙花是由北美原生品种杂交而成的园艺品种，其花茎从有光泽的厚实叶片之间长出，开出鲜亮的黄花。猪牙花非常强壮耐旱，种植很少失败。图中的两种猪牙花都喜欢落叶树下富含有机质的略湿润的环境。为了防止因地温上升而引起的干燥，在种植时最好铺上厚厚的腐叶土作为护根材料。

搭配要点： 将数株猪牙花群植，开花时才会成规模，更显漂亮。可以将猪牙花种在淫羊藿或是匍匐筋骨草等低矮的常绿植物之间，这样花园里从早春开始到初夏之前可以持续欣赏到花开，在猪牙花的休眠期花坛也不会显得空荡荡。

● 别名：片栗花 ● 百合科 ● 多年生落叶草本
● 高度：10～30cm ● 冠幅：20cm
● 耐寒温度：−23℃～−28℃ ● 原生地：北半球温带地区

   土壤条件 

→猪牙花（*Erythronium japonicum*）：原生于日本的山地上，较为纤弱，难以人工栽培

'佛塔'（*Erythronium* 'Pagoda'）：易于种植，每年都可以开出鲜黄色的花

1	2	3	4	5	6	7	8	9	10	11	12
		花									

大叶蓝珠草

Brunnera macrophylla

大叶蓝珠草的特征是大大的心形叶，春季它会开出与勿忘草相似的浅蓝色花朵。大叶蓝珠草不仅花美，最近出现了花叶品种以及叶片整体呈漂亮的银白色等多款彩叶园艺品种。对于大叶蓝珠草的绿叶品种而言，晒到一些早晨的阳光也没有问题，但花叶品种的话，只要有直射阳光就会导致叶片灼伤。大叶蓝珠草不耐干燥，需要选择富含有机质的有一定湿度的环境种植。在温暖地带，炎热会导致植株瘦弱，应尽可能将大叶蓝珠草种植在凉爽的环境中。

搭配要点： 春季，大叶蓝珠草在落叶多年生草本植物开始展叶的时候开花。它株型柔美，非常适合与荚果蕨、掌叶铁线蕨等枝叶会在风中摇曳的植物搭配；也很适合种在蓝铃花、黄花猪牙花等夏季休眠的植物之间。在寒冷地区，大叶蓝珠草可以作为荫蔽处的地被植物。

● 别名：心叶牛舌草 ● 紫草科 ● 多年生半常绿草本
● 高度：30～40cm ● 冠幅：30～50cm
● 耐寒温度：−35℃～−40℃ ● 原生地：土耳其至高加索

 土壤条件 

'Hadspen Cream'：耐旱性相对较好，绿色的叶片镶嵌着乳白色边缘

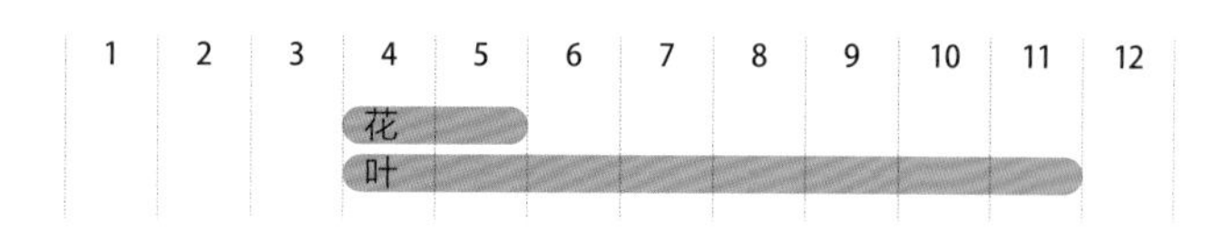

淫羊藿

Epimedium spp.

在从亚洲到欧洲的广阔地域中，分布着近 60 种淫羊藿。近年来，有很多原产自中国的稀有淫羊藿品种在日本市场上作为山野草流通。淫羊藿非常耐旱，其中的常绿种可以一整年保持叶片的美观，非常适合种植在花园。不同品种的淫羊藿特点有所不同，有新芽漂亮的品种，也有严寒期叶片会变色的品种。春季开放的淫羊藿花形态上个性十足，很多品种的淫羊藿花都很漂亮，但非常遗憾的是有些品种的花会藏在叶片背后，不怎么显眼，花期也不长。常绿品种的淫羊藿应在春季新叶展开之前，摘除受伤的老叶。

搭配要点：淫羊藿兼具耐阴性和耐旱性，在任何日照环境下都可以生长。植株不高，很适合种在花坛前方。将常绿品种的淫羊藿与其他落叶植物搭配起来，可使冬季的花园也不显枯寂。淫羊藿也非常适合作为地被植物。

● 小檗科 ● 落叶、多年生常绿草本

● 高度：15～30cm ● 冠幅：20～45cm

● 耐寒温度：-15℃～-20℃ ●原生地：中国、日本、地中海沿岸地区

   土壤条件  ～ 

常绿淫羊藿（*Epimedium sempervirens*）：常绿品种。因为花茎长在叶片上面，花非常醒目，新芽也很漂亮

双色淫羊藿‘硫黄’（*Epimedium* × *versicolor* 'Sulphureum'）：常绿品种。开淡黄色花，冬季叶片会被染成红色

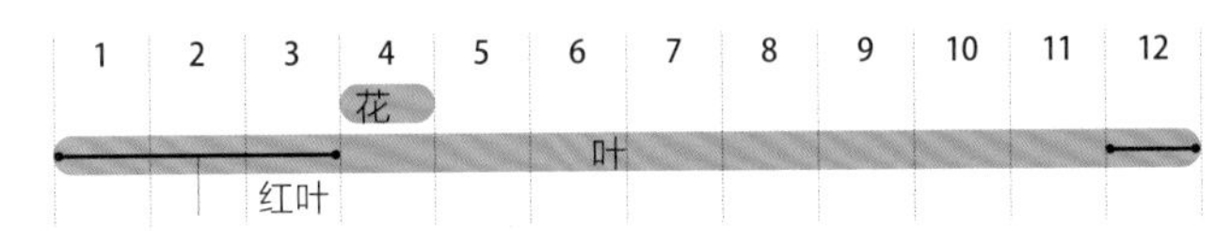

佩洛杰淫羊藿（*Epimedium perralderianum*）：常绿品种。非常耐旱，叶片可以全年保持非常漂亮的状态，非常适合作为地被植物。花为黄色（上图），冬季叶片带有红色（左下图），从春季到深秋都可以欣赏漂亮的绿色叶片（右下图）

蝴蝶花

Iris japonica

蝴蝶花是日本山林里常见的多年生草本植物，很久以前它由中国传入日本，逐渐驯化而生。在人工杉木林等非常阴暗的地方也会有蝴蝶花自生。蝴蝶花性喜富含有机质的有一定湿度的环境，不耐干燥。如果被寒风吹到，它的叶片会受伤，但因为蝴蝶花非常强健，所以并不会对生长开花产生影响。春季开放的蝴蝶花花朵白底青斑，就像绽放的烟花，照亮背阴的环境。产自日本的蝴蝶花无法结种子。还有一款名为‘花叶蝴蝶花’（*Iris japonica*‘Variegata’）的园艺品种，其叶带有白斑。

搭配要点：蝴蝶花经常用于营造和风花园。其细长的叶片造就了纵向伸展的独具个性的株型，将蝴蝶花与带斑纹的瑞香、匍匐筋骨草等彩叶植物搭配起来，能够营造出别具风味的背阴花园。

● 鸢尾科 ● 多年生常绿草本

● 高度：30～50cm ● 冠幅：30～50cm

● 耐寒温度：-10℃～-15℃ ● 原生地：中国、缅甸

土壤条件 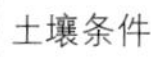 

纤柔的白花如同蝴蝶一般翩翩起舞，照亮暗处

福禄考

Phlox spp.

匍匐生长的福禄考原生于北美东部的落叶树林中，能适应从有散射光的背阴处到上午有阳光的短日照环境。代表性的园艺品种福禄考属植物有林地福禄考和匍枝福禄考 2 种，都喜爱富含有机质的潮湿环境，很适合在日本的气候条件下种植。虽然福禄考性强健，但如果用厚厚一层腐叶土作为护根来抑制地温上升会更有利于其生长。春季，福禄考会开出大量淡蓝紫色的花，现在也有白花、粉花品种。

搭配要点：福禄考在落叶多年生草本植物开始发芽的时候开花，因此如果种在掌叶铁线蕨、荚果蕨等植物中间，可以打造出漂亮的春日花园。福禄考与黄水枝的花期相近，是一对好搭档。也很推荐将福禄考与蓝铃花、黄花猪牙花等球根植物搭配种植在一起。

● 花荵科 ● 多年生半常绿草本

● 高度：20～30cm ● 冠幅：20～30cm

● 耐寒温度：-30℃～-35℃ ● 原生地：北美东部

土壤条件 

→**匍枝福禄考**（*Phlox stolonifera*）：通过匍匐茎横向扩张，花瓣和叶片圆圆的

林地福禄考（*Phlox divaricata*）：植株漫迷，能开出繁密的淡蓝紫色花

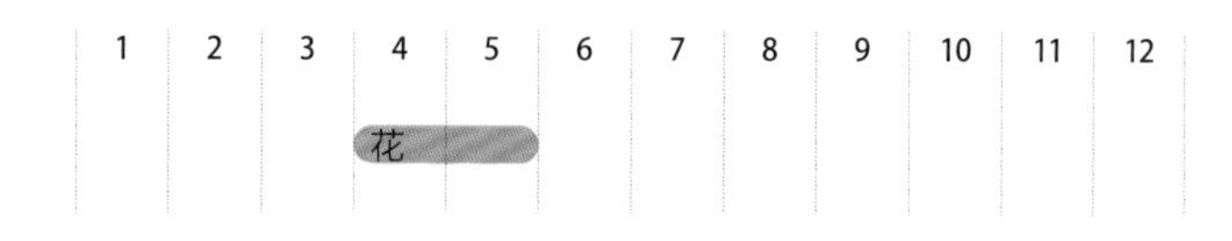

匍匐筋骨草

Ajuga reptans cvs.

匍匐筋骨草通过其发达的地下茎生长成垫状。5月，匍匐筋骨草能一下子抽生出多个花穗，景致非常可观。除了基本的紫花品种，匍匐筋骨草还有白花和粉花品种，此外，人们还选育出了各种各样彩叶的园艺品种。尽管匍匐筋骨草能够适应各种环境，但在温暖地区，如果种在排水不好的地方，并受到正午前后强烈光照的话，有可能会导致其生病而枯萎。另外，根据品种的不同，有可能会产生叶片灼伤的现象，因此种植匍匐筋骨草最好的日照环境是有散射光地块和上午有阳光的短日照地块。匍匐筋骨草在无日照地块也可以生长，但会影响开花。

搭配要点：匍匐筋骨草可以作为背阴处的地被植物，因为其植株不高，所以可以种在花坛的最前方，也可以种植在中景植物的基部周围，作为点缀。另外，非常推荐将匍匐筋骨草与蓝铃花等夏季地上部分枯萎进入休眠的植物组合种植。

● 唇形科 ● 多年生常绿草本

● 高度：20cm ● 冠幅：30cm

● 耐寒温度：-17℃～-23℃ ● 原生地：欧洲

   →因品种而异 土壤条件 

艳丽的蓝紫色花穗满满地排在一起

↓匍匐筋骨草「巧克力豆」：漂亮的红褐色叶紧密地排列成垫状。需要避开正午前后的强烈光照

1	2	3	4	5	6	7	8	9	10	11	12

花（4月～5月）

叶（1月～12月）

萎蕤

Polygonatum odoratum var. *pluriflorum*

萎蕤与薯蓣科的山草薢有相似的根茎，因为具有甜味，所以其也叫甜草根、山地瓜、山苞米等。萎蕤自生于日本的野外山上，耐热性非常好，放任不管也能长得很好。经杂交选育已有若干斑叶品种的萎蕤，其中的白边花叶品种以“花叶萎蕤”的商品名广泛流通。萎蕤的花期在5月左右，它的花下垂，从叶柄处2朵一组依次开放，但因为往往开在弯弓形的茎部下方，不怎么显眼。尽管萎蕤的株型会让人觉得它非常纤弱，但实际上因为有粗壮的根茎它非常耐旱。在短日照处也可以正常生长。

搭配要点：萎蕤适应环境的能力很强，不需要特别的管理就可以生长。将多株萎蕤栽种在一起，才能使其绿叶中的斑纹更加醒目，形成视觉焦点。萎蕤能为花园带来明快感，适合与福禄考属、老鹳草属等搭配种植。

● 别名：玉竹、甜草根、山地瓜、山苞米等 ● 天门冬科 ● 多年生落叶草本

● 高度：30～60cm ● 冠幅：20～30cm

● 耐寒温度：-30℃～-35℃ ● 原生地：中国、日本、朝鲜半岛

   土壤条件 

花叶品种玉竹，与其纤柔的外观相反，非常强健

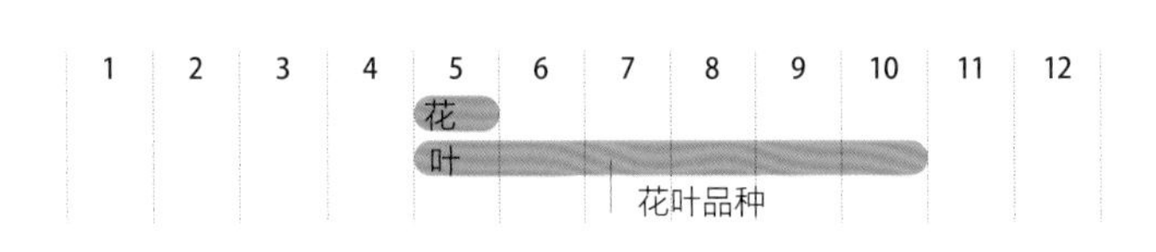

老鹳草

Geranium ssp. & cvs.

老鹳草拥有众多园艺品种，花色非常丰富，是欧美人气很高的多年生草本植物之一。但美中不足的是，它的耐热性不佳，很多品种在日本温暖地带很难栽培。不过，右图中介绍的品种、暗花老鹳草、比利牛斯老鹳草‘比尔沃利斯’等品种，原本都是喜阳品种，如果种在上午有光照的短日照环境，就能够顺利度夏。老鹳草需要种在富含有机质、排水性好，同时也具有保水性的土壤中。另外，需要铺上一层厚厚的腐叶土作为护根材料，防止地温上升。

搭配要点：老鹳草非常适合与叶色明亮的福禄考、花叶萎蕤等搭配种植，蓝花品种的老鹳草与亮叶忍冬的青柠色叶片搭配在一起形成强烈对比，真是美如画。

● 牻牛儿苗科 ● 多年生常绿、半常绿草本
● 高度：20～30cm ● 冠幅：20～30cm
● 耐寒温度：-23℃～-28℃ ● 原生地：中国、欧洲、日本

→宽托叶老鹳草‘巴克斯顿蓝’（*Geranium wallichianum* ‘Buxton's Variery'）：植株低矮、横向生长，开蓝紫色花

S.Tsukie

剑桥老鹳草‘彼欧阔沃山’（*Geranium* × *cantabrigiense* ‘Biokovo'）：植株低矮，能开出大量的淡粉色花

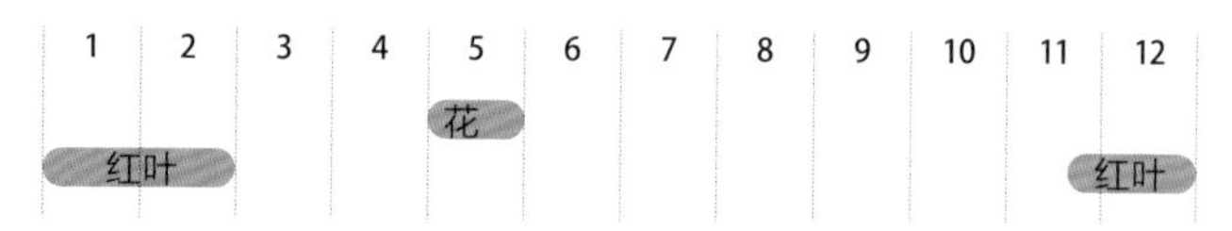

荷包牡丹

Lamprocapnos spectabilis

春季，荷包牡丹可爱的心形粉色花一串串地开放，非常受人欢迎。荷包牡丹性喜富含有机质的潮湿土壤，天气热起来后地上部分会枯萎，进入休眠期，但这个时候必须注意，如果遭受干旱可能会导致荷包牡丹死亡，在种植时用腐叶土厚厚铺一层来护根会很有效。种植荷包牡丹的理想环境是开花期有阳光、休眠期有凉爽树荫的落叶树下。现在市面上还有白花、黄叶等园艺品种。

搭配要点：荷包牡丹非常适合与荚果蕨、大叶蓝珠草、福禄考、花叶萎蕤等叶色明亮、株型优美的植物搭配在一起。如果将其种在玉簪中间，处于休眠期的荷包牡丹地上部分枯萎后，形成的空缺恰好可被玉簪填补。

● 别名：鱼儿牡丹 ● 罂粟科 ● 多年生落叶草本
● 高度：30～60cm ● 冠幅：30～60cm
● 耐寒温度：-17℃～-23℃ ● 原生地：中国、朝鲜半岛

因为让人联想起钓鱼的样子，所以荷包牡丹也叫“鱼儿牡丹”

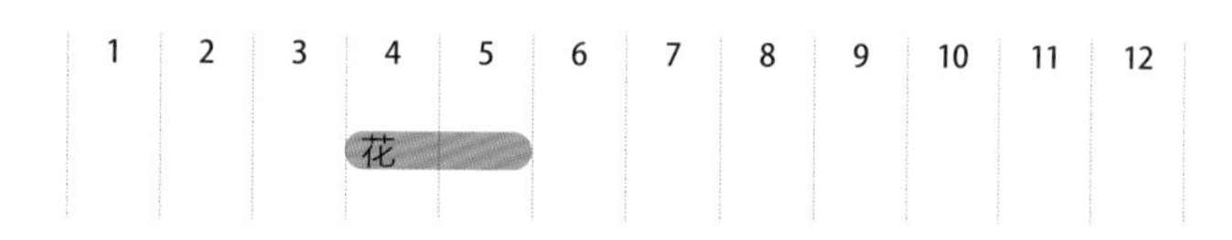

长柄鸢尾

Iris gracilipes

长柄鸢尾是原生于日本山地林中的多年生草本植物。5月左右，长柄鸢尾柔美的淡紫色花朵会一齐开放。与近缘种的日本鸢尾相比，长柄鸢尾个子相当小，同时是落叶性的，冬季地上部分会枯萎。与它给人留下的纤弱印象不同，长柄鸢尾相当强健，在花园中种植基本没有什么难度，它会渐渐地伸展根茎，不断扩张。当植株中间产生空缺、开花量也逐步减少，就需要通过分株更新植株了。现在也选育出了白花和重瓣品种。

搭配要点：长柄鸢尾属于小型种，在很狭小的空间中也可以种植。可以种植一株欣赏其怜人的姿态，也可以数株群植在一起以花量取胜。长柄鸢尾淡紫色的花朵与琥珀色的矾根搭配在一起可以形成漂亮的对比。因为其属落叶性植物，花期不长，也很适合与野芝麻、淫羊藿等常绿品种搭配在一起。

● 鸢尾科 ● 多年生落叶草本

● 高度：15～30cm ● 冠幅：20～30cm

● 耐寒温度：-23℃～-28℃ ● 原生地：日本

  土壤条件   ～ 

JBP-M.Fukuda

虽然与蝴蝶花很相似，但长柄鸢尾整体上更紧凑，花的颜色也不同

1	2	3	4	5	6	7	8	9	10	11	12
				花							

野芝麻

Lamiun spp.

野芝麻是非常受欢迎的彩叶植物，其园艺品种具有各种各样的叶色，有银白色叶、明黄色叶、绿底银白斑点叶等。野芝麻春天开花，花朵吸睛，十分可爱。在阴暗的地方也可以栽种野芝麻，但如果过于阴暗，叶片上的白斑会变得不那么鲜明。应尽量避免野芝麻受到正午前后的日光直射，避免叶片灼伤。应尽量选择排水良好的环境种植，野芝麻夏天生长较为缓慢，需要特别注意避免过于潮湿；反言之，野芝麻非常耐旱。

搭配要点：野芝麻叶片颜色非常漂亮，植株会横向扩张，因此是阴蔽处非常难得的地被植物。将野芝麻与箱根草、矾根、匍匐筋骨草等叶色漂亮的植物搭配在一起，可以打造出持久度高的背阴花园。

● 唇形科 ● 多年生常绿草本

● 高度：20～40cm ● 冠幅：30～60cm

● 耐寒温度：-30℃～-35℃ ● 原生地：欧洲、北美、亚洲西部

    土壤条件 

JBP-Y.Itoh

↑**紫花野芝麻**（*Lamium maculatum*）：株高20cm左右，植株会像要把地面遮盖住一样横向扩张

JBP-H.Imai

花叶野芝麻（*Lamium galeobdolon*）：植株较高，叶片上有银白色斑纹

1	2	3	4	5	6	7	8	9	10	11	12
				花	花						
叶	叶	叶	叶	叶	叶	叶	叶	叶	叶	叶	叶

矾根

Heuchera spp. & cvs.

矾根株型紧凑，现已选育出了多种叶色的园艺品种，是背阴花园中不可或缺的存在。由于矾根的园艺品种是由原生自北美的多个品种反复杂交选育而成的，不同品种之间的特性差异非常大。矾根性喜富含有机质、兼具保水性和排水性的土壤。因其根系较浅，不耐干旱，如果能铺一层厚厚的护根会有利于矾根的生长。一些品种的花朵毫无看点，如不观花可减掉花茎。

搭配要点：不同品种的矾根对阳光的需求差异很大，一般而言，深紫色或琥珀色的园艺品种比其他叶色的品种更耐晒，能够耐受上午的直射阳光。将矾根群植作为落叶灌木脚边的地被植物会很漂亮，还可以运用其叶色，作为花园的点缀。

● 虎耳草科 ● 多年生常绿草本

● 高度：20～30cm ● 冠幅：30～40cm

● 耐寒温度：−15℃～−35℃（根据品种不同有较大差异） ● 原生地：北美

→因品种而异　土壤条件

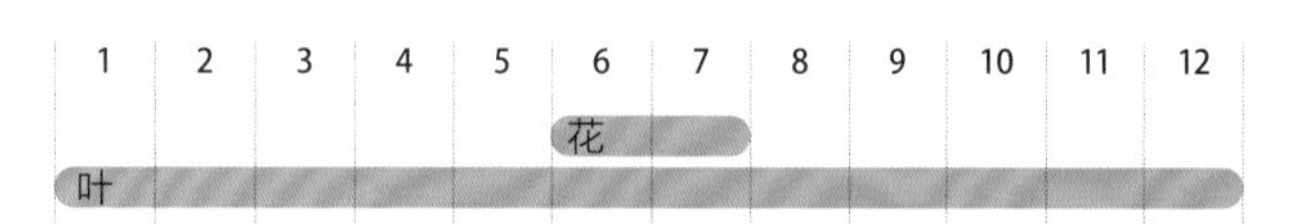

黄水枝（*Tiarella* spp. & cvs.）：是矾根的近缘种，可以采用与矾根相同的方式种植。4～5月会开出可爱的花朵，花后也可以欣赏其独具特色的株型和叶片，群植非常漂亮。黄水枝与福禄考属非常适合搭配在一起

'黑曜石'：深紫色叶非常耐晒，可以放心种植

'青柠鸡尾酒'：非常清爽的柠檬色叶，如果受直射阳光照射会使叶片被灼伤，花基本没有观赏价值

'焦糖'：琥珀色叶，既耐干燥又耐晒

蓝雪花

Ceratostigma spp.

蓝雪花枝叶茂密，小小的蓝色花可以长期不断地开放。蓝雪花有冬季地上部分全部枯萎的草本品种，有基部残留木质化枝条、不会全部落叶的半常绿等各种各样的品种，但不管哪一种，秋季都会有非常美丽的红叶。蓝雪花很强健耐热，但要想欣赏秋天的红叶，需要注意在夏季避免其叶片受伤，最好铺上护根材料防止地温上升。

搭配要点： 蓝雪花属植物本来是喜阳的，但种植在短日照环境也能开花。其红叶非常漂亮，因此如果与栎叶绣球、北美鼠刺、水甘草等秋季叶片能变色的品种搭配在一起的话，可以形成漂亮的秋季彩叶景观。也可以将其种植在落叶灌木基部。

● 白花丹科 ● 多年生落叶、半常绿、常绿草本或小灌木

● 高度：20～60cm ● 冠幅：30～90cm

● 耐寒温度：-12℃～-28℃（根据品种不同有较大差异） ● 原生地：中国、喜马拉雅

土壤条件 

→岷江蓝雪花‘荒漠天际’（*Ceratostigma Willmottianum* 'Desert Skies'）：拥有漂亮的黄绿色叶的半常绿品种，叶色与蓝紫色花对比鲜明，极具视觉冲击力

S.Tsukie

JBP-M.Fukuda

蓝雪花（*Ceratostigma plumbaginoides*）：落叶品种。地下茎十分发达，可以作为夏天的地被植物使用

	1	2	3	4	5	6	7	8	9	10	11	12
花						花	花	花	花	花	花	
叶	叶	叶	叶	叶	叶	叶	叶	叶	叶	叶	叶	叶
红叶	红叶	红叶									红叶	红叶

优雅蹄盖蕨

Athyrium niponicum var. *pictum* cvs.

优雅蹄盖蕨是原生于日本野外山上、所有叶色漂亮的日本蹄盖蕨的总称。优雅蹄盖蕨的叶片有的是鲜明的银白色，也有的是紫红色，根据叶片纹样的不同，人们选育出了若干个不同的园艺品种。优雅蹄盖蕨刚发芽的时候叶片的色彩最为鲜明，当气温逐渐升高，颜色会渐渐黯淡。其喜爱有一定湿度的环境，如果受到干旱叶尖会焦枯。种在有一定直射阳光的地方，如果铺上厚厚的护根物来提高保水性，能够防止其叶片被灼伤。不过，优雅蹄盖蕨非常强健，叶片受到一点灼伤也不会影响其生长。

搭配要点： 优雅蹄盖蕨非常适合与春季开花的植物搭配，如蓝紫色的蓝铃花、粉色的荷包牡丹、淡蓝色的福禄考等，是很优雅的色彩组合。到了冬季，优雅蹄盖蕨地上部分会枯萎，因此可以种植在薹草或矾根的周围。

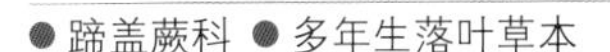

● 蹄盖蕨科 ● 多年生落叶草本

● 高度：30～45cm ● 冠幅：40～50cm

● 耐寒温度：-28℃～-34℃ ● 原生地：日本

土壤条件

H.Ima

优雅蹄盖蕨有着绝无仅有的美丽叶色和独特质感

虎耳草

Saxifraga stolonifera

虎耳草是自生于山野阴湿岩石上的多年生草本植物。通过发达的紫色匍匐茎，虎耳草的植株可以扩张形成垫状，它的叶呈圆肾形，带有白色网状叶脉，叶片背面为漂亮的深紫色。比起适度潮湿的环境，常年阴湿的环境更有助于其叶片维持漂亮的状态。虎耳草在初夏开放的白花并不起眼，但如果大片虎耳草一起开花也颇为壮观。虎耳草在无日照环境也可以健康成长，但反过来只要晒到一点太阳就很容易使叶片灼伤。现在也选育有黄绿色叶和花叶的园艺品种。

搭配要点：虎耳草非常适合种在建筑物北侧常年阴湿的阴暗的背阴处，可以作为地被植物，形成大片群落会更加漂亮。花叶和彩叶虎耳草品种和矾根一样，可以作为花园的点缀。

● 虎耳草科 ● 多年生常绿草本

● 高度：15～30cm ● 冠幅：30～50cm

● 耐寒温度：–17℃～–23℃ ● 原生地：中国、日本、朝鲜半岛

土壤条件 

JBP-N.Kamibayashi

←虎耳草的花非常富有野趣。白色的花能使阴暗的环境显得明快起来

JBP-M.Fukuda

‘御所车’：白边品种。白斑部分带有一点点红色，非常漂亮

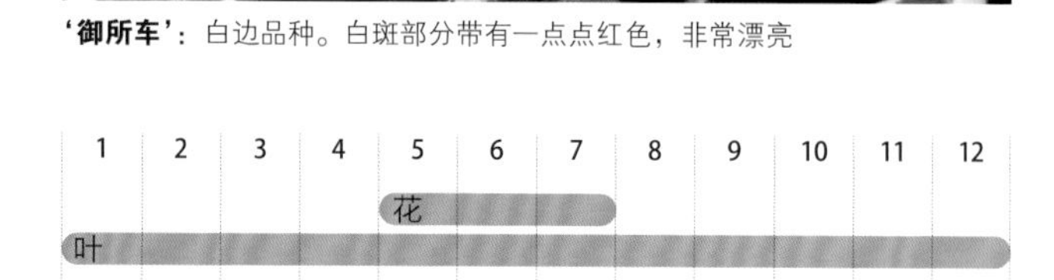

大吴风草

Farfugium japonicum

大吴风草自生于日本温暖地区海岸边的崖壁上，耐热性非常好，在干燥的地方也可以全年保持有光泽的大圆叶片不会枯焦。大吴风草不择土质，不需管理也可以正常生长。它在深秋开始开放的鲜黄色花朵和墨绿色叶能够形成鲜明对比。大吴风草是深秋少有的开花植物，但当花开到一定程度，果实会变得显眼导致观赏性下降，应尽早剪掉花茎。

搭配要点：大吴风草是非常好的耐阴地被植物。花叶品种的大吴风草能有效地成为绿叶植物中的点睛之笔。其株型独具特色，因此如果与很有质感的植物搭配在一起，可以给花园带来一定的变化。另外它风格偏日式，与球根类、掌叶铁线蕨、福禄考等叶色明亮的植物搭配起来，又能形成令人耳目一新的感觉。

● 菊科 ● 多年生常绿草本

● 高度：30～50cm ● 冠幅：30～60cm

● 耐寒温度：–9℃～–12℃ ● 原生地：中国、日本、朝鲜半岛

土壤条件  

H. Imai

‘金环’：绿色的叶和叶缘的黄斑形成非常漂亮的对比。它不会过于张扬，所以和各种植物都很搭。它的斑纹会随着夏天来临而消失

1	2	3	4	5	6	7	8	9	10	11	12
									花		
叶											

薹草

Carex spp.

薹草细长的叶就像喷泉一般向外生长，其叶色和质感都非常有个性。它可以与各种草花搭配形成各具特色的组合。原产于日本的薹草品种，比较适应气候，不需太多管理也可以长得很好；而原产自新西兰的品种，如果在高温时晒到太阳，会因暑热和干燥导致植株变弱，最好用护根材料保护根部。虽然薹草植株会渐渐长大，但即使种的时间久了，株型也不会散乱，如果空间足够的话，不需要定期对其进行分株。

搭配要点：薹草有各种各样的叶色，经常作为彩叶植物使用。如果将薹草与玉簪和短柄岩白菜等气质反差强烈的植物搭配在一起，可以突显其叶具有的纤细质感。不同的品种适应的环境也会有所不同，可根据其能耐阴程度来分别使用。

● 别名：苔草 ● 莎草科 ● 多年生常绿、落叶草本
● 高度：30～45cm ● 冠幅：45～60cm
● 耐寒温度：-23℃～-28℃ ● 原生地：日本、新西兰
→根据品种有所差异 →根据品种有所差异 土壤条件  ～ 

棕红薹草（*Carex buchananii*）：红铜色的叶非常有个性，适应从有散射光到上午有阳光的短日照环境，是原生于新西兰的常绿品种

1	2	3	4	5	6	7	8	9	10	11	12

叶（1—12月）

宽叶薹草（*Carex siderosticta*）：绿叶品种的宽叶薹草适应从无日照到上午有阳光的短日照环境，对花叶品种而言，在过于阴暗的环境生长则会使斑纹黯淡，在短日照环境生长则会导致叶片灼伤，所以有散射光地块是其最合适的环境。是原产于日本的落叶品种

长穗薹草‘加贺锦’（*Carex dolichostachya* ‘Kaga-nishiki’）：绿叶，叶缘为黄色，非常漂亮，适应从有散射光到下午有阳光的短日照环境。是原生于日本的常绿品种

锥薹草‘雪线’（*Carex conica* 'Snowline'）：以花叶薹草的商品名流通，适应从无日照到上午有阳光的短日照环境，是原生于日本的常绿品种

吉祥草

Reineckea carnea

吉祥草在原生于日本宫城县以西的阴暗林床，耐热性非常好，喜欢潮湿的环境。就算不进行特别的管理，也能通过发达的根茎不断生长，变得越来越茂盛，应适度将它碍事的部分挖除。吉祥草在背阴处能长得很好，但相反地，如果夏季晒到太阳，会因为干燥而导致叶色焦黄，需要种在阳光晒不到的位置。秋季，吉祥草会悄悄开放出紫红色花朵，虽然其花瓣厚实，如果不仔细看往往会错过。传说家有吉事吉祥草就会开花，所以有了这样的名字。

搭配要点： 吉祥草耐阴性非常强，可以种在被建筑物包围形成的狭窄空间等非常阴暗的环境。吉祥草深绿色的叶在背阴环境中难免会加深阴暗的气氛，使用带有乳白色条纹的园艺品种则能够避免这样的问题。

● 天门冬科 ● 多年生常绿草本

● 高度：10～30cm ● 冠幅：20～30cm

● 耐寒温度：-12℃～-18℃ ● 原生地：中国、日本

  土壤条件   

在绿色中带有乳白色条纹的吉祥草园艺品种，能带来明快的色彩

沿阶草

Ophiopogon spp.

→**沿阶草**（*Ophiopogon japonicus*）：白色条纹品种，通过地下茎实现横向扩张

沿阶草自生在日本野外山上，因为适应能力强，不需管理也可以长得很好。沿阶草在无日照地块也可以正常生长，叶片全年都可以保持很漂亮的状态。夏季，沿阶草植株基部长出花茎，白色的花朵略微下垂；秋季，果实成熟，呈现出艳丽的蓝宝石色，可以一直维持到跨年的时候。沿阶草属植物与山麦冬属植物株型很相似，区别在于花的着生位置以及果实的颜色。

搭配要点： 生长在无日照地块的植物往往以深绿色叶为主，白色条纹种沿阶草可以为这样的环境带来不同的变化。叶片全黑、魅力十足的扁葶沿阶草‘黑龙’可以作为地被植物群植，与开蓝花的蓝铃花、金色叶片的箱根草‘黄金’等搭配起来会产生戏剧性的效果，在花园里可以通过灵活运用扁葶沿阶草‘黑龙’纯黑的叶色制造视觉焦点，也可以作为花园中的点缀。

扁葶沿阶草‘黑龙’（*Ophiopogon planiscapus* ‘Nigrescens’）：富有光泽的黑色叶片非常独特

● 天门冬科 ● 多年生常绿草本

● 高度：20～30cm ● 冠幅：20～30cm

● 耐寒温度：-17℃～-23℃ ● 原生地：中国、日本、朝鲜半岛

   土壤条件 

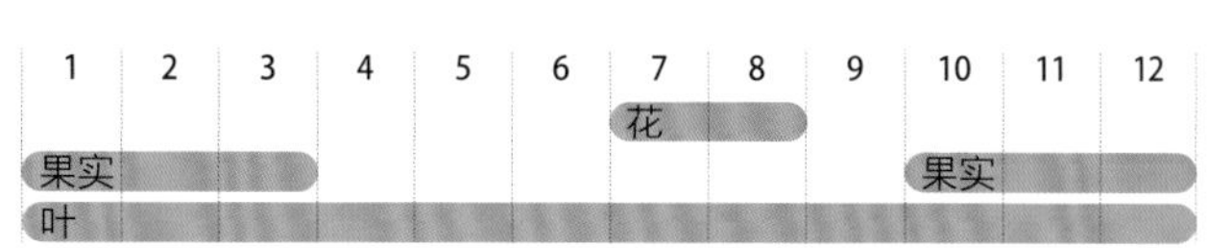

→**山麦冬‘银龙’**（*Liriope spicata* ‘Silver Dragon’）：白色条纹品种，通过匍匐茎横向扩张

山麦冬

Liriope spp.

最常见的山麦冬属植物是被称作“金边麦冬”的黄边园艺品种，常被种植于城市绿化带，在街边随处可见。夏季，山麦冬会长出花穗，缀满淡紫色的小花，非常漂亮，到了秋季，山麦冬的果实会成熟，变成黑色。山麦冬的特征为不通过匍匐茎来扩大植株，到了冬季叶片会倒伏紧贴地面。山麦冬属植物与沿阶草属植物的外形非常相似，但花的着生形式和果实的颜色不同，可以通过这些特点进行分辨。山麦冬在非常阴暗的背阴处也可以栽培，性质极其强健，植株会渐渐长大。

搭配要点：花叶品种的山麦冬可以在众多的绿叶植物当中打造出视觉焦点。绿叶品种的山麦冬的叶色是纯粹的绿，反而显得很清新。可将山麦冬群植在落叶树的脚下，开花时的景象非常壮观，花期以外，具有深绿色叶的山麦冬也可以作为很好的地被植物。

● 天门冬科 ● 多年生常绿草本

● 高度：20～45cm ● 冠幅：20～40cm

● 耐寒温度：-17℃～-23℃ ● 原生地：中国、日本

土壤条件  

JBP-T.Maki

金边阔叶山麦冬（*Liriope muscari* ‘Variegata’）：绿叶的边缘是黄色的，匍匐茎不会伸长，植株是慢慢长大的

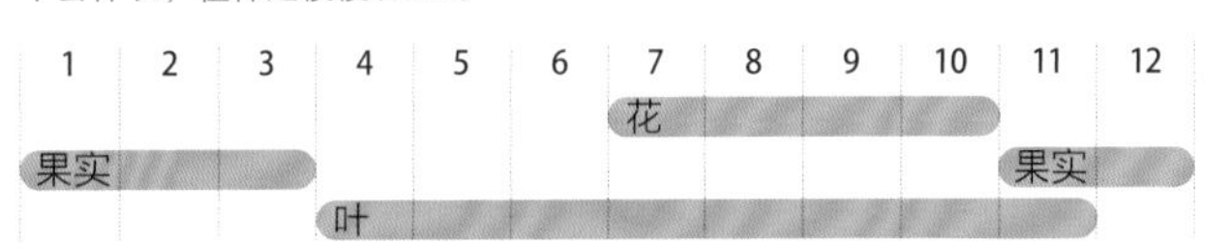

箱根草

Hakonechloa macra

如果拧转箱根草的叶片基部，可以将叶片的背面翻成正面，箱根草的日语名‘叶背草’由此而来，但现在一般都以‘风知草’作为商品名在市面上流通。箱根草是日本固有种，非常强健，可以说与玉簪同为背阴花园不可或缺的植物。箱根草的株型就像喷泉中的水喷流而下，非常端庄美丽，即使种植的时间长了株型也不会乱，只要空间足够，可以培育成为大株来观赏，除了右图介绍的品种之外，还有稍小型的箱根草‘黄金’（*Hakonechloa macra* Makino ‘All Gold'）等品种。

搭配要点：将箱根草与大型玉簪‘优雅’或是‘法兰西威廉’等搭配起来，就可以构成背阴花园骨架，极具观赏价值。如果在箱根草之间种上铁筷子，那么在其冬季落叶时花园也不会显得枯寂。

● 别名：风知草 ● 禾本科 ● 多年生落叶草本

● 高度：30～45cm ● 冠幅：30～60cm

● 耐寒温度：-23℃～-28℃ ● 原生地：日本

土壤条件 

JBP-T.Narikiyo

箱根草‘光晕’（Hakonechloa macra 'Aureola'）：最具代表性的花叶品种，绿叶中有黄色的条斑

顶花板凳果

Pachysandra terminalis

顶花板凳果的深绿色叶厚实、富有光泽，能为花园带来沉静的氛围。顶花板凳果四季常绿，能够适应各种日照条件，非常强健，不需管理也可以长得很好，但如果遭受极端干燥，叶边缘会变成茶褐色。只要在土壤中充分混入有机物，并铺上厚厚的护根材料，就可以轻松保持叶片的美观了。时不时给顶花板凳果摘心，它就可以很好地分枝，长成非常漂亮的绿色“地毯”。春季，顶花板凳果将长出花穗，开出清秀的白花。

搭配要点： 顶花板凳果是非常经典的耐阴地被植物。如果你想为踏石和花坛之间、踏石的边角处等有空隙的地方填上绿色，那么顶花板凳果就是不可多得的选择。如果将它种在落叶树的脚边，那么冬季花园里也能留有绿色。顶花板凳果的花叶品种可以作为花园的点缀来使用，然而如果大量使用的话，可能会显得杂乱。

● 黄杨科 ● 多年生常绿草本

● 高度：20～30cm ● 冠幅：30～40cm

● 耐寒温度：-23℃～-28℃ ● 原生地：中国、日本

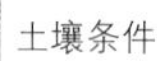

土壤条件

顶花板凳果的叶片为深绿色，具有光泽，可以作为地被植物使用

1	2	3	4	5	6	7	8	9	10	11	12
			花								
叶	叶	叶	叶	叶	叶	叶	叶	叶	叶	叶	叶

紫金牛

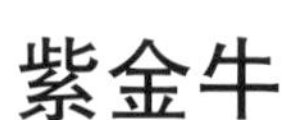

Ardisia japonica

紫金牛是日本江户时代兴起的园艺热潮中的重要植物，人们选育出了多种不同的彩叶品种并视为珍宝。紫金牛的花为白色，小小的，并没有太大的观赏价值，但秋季成熟的红艳果实与深绿色叶片形成的鲜明对比非常漂亮。紫金牛原生于日本各地，很适合这些地区的气候，可以不需要特别管理。但如果要保持叶片美观，需要栽种在富含有机质的土壤中。因为紫金牛原生在林床上，在无日照环境可以健康成长；但反过来如果受到阳光直射，叶色会变得黯淡无光。

● 紫金牛科 ● 常绿小灌木

● 高度：20～30cm ● 冠幅：30～50cm

● 耐寒温度：-12℃～-18℃ ● 原生地：中国、日本、朝鲜半岛

土壤条件 

←鲜红的果实也是紫金牛的魅力之一

紫金牛‘白王冠’： 非常有代表性的白斑品种，给人以沉静端庄的印象，十分优雅美丽

1	2	3	4	5	6	7	8	9	10	11	12
果实	果实									果实	果实
叶	叶	叶	叶	叶	叶	叶	叶	叶	叶	叶	叶

勿忘草

Myosotis cvs.

在日本，勿忘草通常被作为一年生草本植物在秋季播种，它富有野趣的柔美姿态，很适合栽种在落叶树下。虽然勿忘草基本上是喜阳的，但如果是在落叶树下，在其主要生长期从晚秋到春季是有阳光的，所以不会有什么问题。在秋季种下勿忘草后，就算什么都不管，等到春季也能长成大棵植株，开出花来。但是，等到初春气温上升时，如果受到干燥环境影响，勿忘草的叶尖会被灼伤变为茶褐色，因此最好将它种在有机质丰富的环境中。

搭配要点：可以将勿忘草种在同一时期开放的铁筷子、大叶蓝珠草、荷包牡丹、蓝铃花旁边，除天蓝色花的勿忘草之外，将开粉花或白花的勿忘草园艺品种混合种植，就可以欣赏到充满自然野趣又缤纷热闹的春日花园。

● 紫草科 ● 多年生半常绿草本（多作为一年生草本使用）

● 高度：30～40cm ● 冠幅：30～40cm

● 耐寒温度：-23℃～-28℃ ● 原生地：北半球的温带地域

开放于春季的勿忘草，气质柔和的花朵是其魅力所在

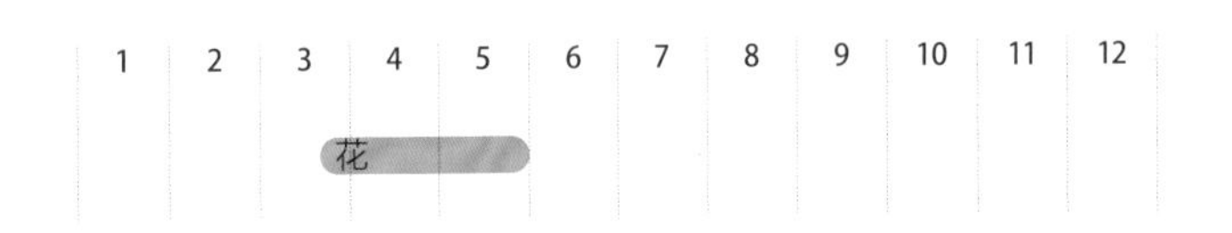

毛地黄

Digitalis purpurea

在初夏，毛地黄可长期开放的吊钟状的大花会紧密地排列在花茎上。毛地黄是二年生草本植物，其植株通常在开花、结出种子后就枯死了。虽然毛地黄喜阳，但在短日照或有散射光的环境也可以开出漂亮的花。与毛地黄开花形态相似的还有大花飞燕草，但大花飞燕草耐热性不佳，在温暖地区往往表现不佳、显得瘦弱；而毛地黄在温暖地带也可以长得很好。如果将毛地黄种在花坛后方，可以为花园制造出纵深层次感。

搭配要点：种在落叶树下的时候，选用乳白色系或奶油色的毛地黄，会与环境更为融洽；将其与蓝色的绣球搭配，可以形成很有清凉感的组合；如果是寒冷地区，可以将其与假升麻等搭配在一起。

● 别名：洋地黄 ● 玄参科 ● 二年生草本、多年生类短命草本

● 高度：60～90cm ● 冠幅：40～60cm

● 耐寒温度：-17℃～-23℃ ● 原生地：欧洲

  土壤条件

毛地黄的花茎很长，花朵紧密地排在花茎上，在花园中存在感十足

苏丹凤仙花

Impatiens walleriana

从初夏到秋季，苏丹凤仙花能够一直花开不断。如果受到强烈的阳光直射，苏丹凤仙花会因为来不及吸收水分，导致叶片萎蔫，看上去很难看，所以要避免将其放在会晒到正午前后阳光的地方。苏丹凤仙花生长快速，很容易缺肥，所以必须定期追肥，如果新叶的颜色变淡，就要追肥了。当茎长得过长、株型散乱时，就要剪去整个植株三分之一到二分之一的长度。经过数周的等待，它会重新开花。如果结了种子，植株的生长势头就会减弱，所以需要摘除残花。如果生长环境较为干燥，则很容易遭到红蜘蛛侵害。

搭配要点：苏丹凤仙花耐阴性相当强，即使种在被建筑物环绕的环境里也能够开花。在盛夏时期苏丹凤仙花也能够接连不断地开花，所以在秋季到来前补植，就可以使背阴花园繁花似锦。

● 别名：非洲凤仙花、玻璃翠 ● 凤仙花科 ● 不耐寒多年生草本（多作为一年生草本使用）

● 高度：20～40cm ● 冠幅：30～50cm

● 耐寒温度：5℃～10℃ ● 原生地：坦桑尼亚至莫桑比克

土壤条件  

在背阴处，即使在暑热时期也可以持续开花

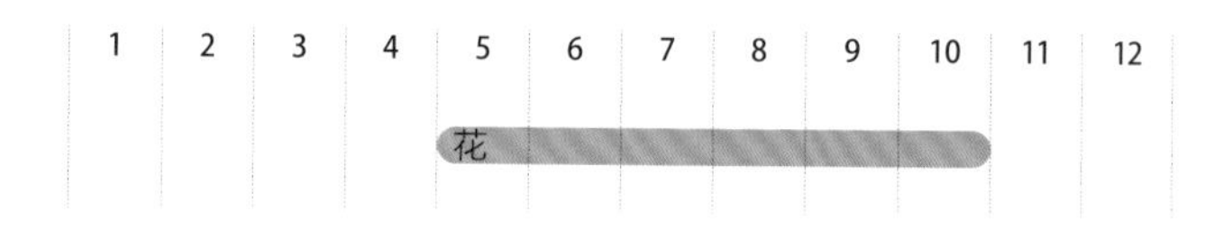

彩叶草

Plectranthus scutellarioides cvs.

彩叶草有着数不清的品种，各自拥有不同叶色、花纹，让人难以选择。除了可以通过播种繁殖外，市面上可以通过扦插繁殖的品种也越来越多，叶片的颜色也更加丰富了。彩叶草可以在向阳处种植，但要保持住漂亮的叶色，还是种植在上午有阳光的短日照地块或有散射光的地块最为理想。如果买回来的是小苗，那么可以立刻通过摘心来促进分枝，形成繁茂的株型，避免倒伏。彩叶草会长出花穗，但会影响叶片的观赏性，最好进行摘除。

搭配要点：如果要与其他植物搭配的话，尽量还是选用单色品种或单一花纹的彩叶草较好。叶色有 2 种以上的彩叶草或褶边的彩叶草都难以与其他植物搭配，建议选择单一品种栽种在容器中放在花园里，单独使用。

● 唇形科 ● 不耐寒多年生草本（多作为一年生草本使用）

● 高度：50～100cm ● 冠幅：50～100cm

● 耐寒温度：5℃～10℃ ● 原生地：东南亚

土壤条件 

与其他植物搭配种植的话，还是单色叶的彩叶草比较容易搭配

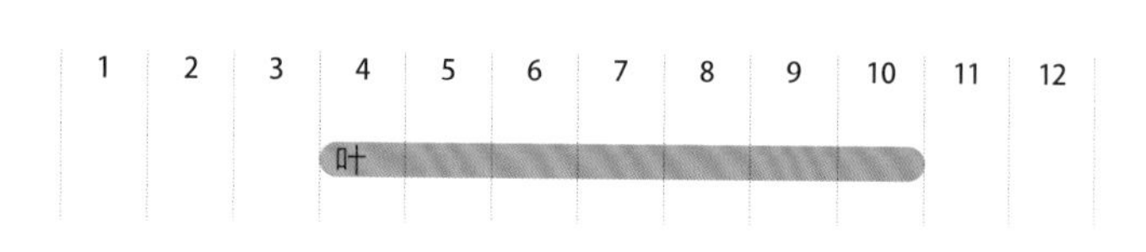

植物检索表 1
（按种植环境分类）

为了让您在造园时可以更方便地查找合适的植物，我们将生长在无日照地块、干燥地区，以及一些生存环境复杂的植物整理到了一起。同时将其适合种植的位置（背景、前景等）也划分开来，每种植物的详细讲解请阅读具体说明页。

无日照地块

这里收集了在无日照地块也能生长的植物。

中心植物或背景植物

背景植物

中景植物

前景植物

半日照地块（午后有阳光）

即使是气温升高的中午前后，在阳光照射下也能生长的植物。

中心植物或背景植物

背景植物

中景植物

前景植物

干燥场所

即使在难以淋到雨的建筑物周围等干燥环境也能生长的植物。

中心植物或背景植物

背景植物

中景植物

前景植物

排水不良的场所

如果是在排水不畅，常年潮湿的地方种植，可从以下植物中进行选择。

背景植物

中景植物

前景植物

植物检索表 2（按使用目的分类）

四季常绿的植物

花坛的后方有绿色的背景，前方的植物会看起来更漂亮。这里收集了四季常绿，与背景恰好相搭配的植物。

	无日照地块	有散射光地块	短日照地块（上午有阳光）	短日照地块（下午有阳光）	页码
青木	○	○			78
三裂树参	○	○	○		75
八角金盘	○	○	○		87
日本茵芋		○			98
含笑花		○	○		76
瑞香		○	○		80
马醉木		○	○	○	79
宽苞十大功劳		○	○	○	86
草莓树			○		87
栀子花			○		84
地中海荚蒾			○	○	81

	无日照地块	有散射光地块	短日照地块（上午有阳光）	短日照地块（下午有阳光）	页码
泽八仙花		○			86
鸡爪槭		○	○		75
红山紫茎		○	○		77
棣棠花		○	○		81
栎叶绣球		○	○	○	83
加拿大紫荆‘紫叶’			○		77
山绣球			○		85
圆锥绣球			○		85
北美鼠刺			○	○	82
水甘草			○	○	89
少花蜡瓣花			○	○	80
金缕梅			○	○	76
蓝雪花			○	○	111

点缀冬季枯萎时节的植物

1～2 月是植物枯萎的季节。很多植物叶片会枯萎，但有一些植物能开花，也有一些植物叶片常绿。

	无日照地块	有散射光地块	短日照地块（上午有阳光）	短日照地块（下午有阳光）	页码
青木（花叶、果实）	○	○			78
沿阶草（叶）	○	○			114
青荚叶（枝）	○	○			79
朱砂根（富贵子）（果实）	○	○			99
紫金牛（叶、果实）	○	○			116
虎耳草（花叶）	○	○			112
红瑞木（枝）		○			78
薹草（叶）		○			113
大雪滴花（花）		○			100
草珊瑚（果实）		○			99
香堇菜（花）		○			100
肺草（花叶）		○			102
岩白菜（红叶）		○			103
铁筷子（花）		○			101
日本茵芋（果实）		○			98
欧獐耳细辛日本变种（雪割草）（花）			○		101
野芝麻（叶）		○			109
匍匐筋骨草（花）		○	○		107
淫羊藿（红叶）		○	○		105
鸡爪槭（枝）		○	○		75
仙客来（花）		○	○		102
大吴风草（花叶）		○	○		112
红山紫茎（枝干）		○	○		77
棣棠花（枝）		○	○		81
金缕梅（花）			○	○	76

不管您“需要红叶植物”，还是“想要添加有香味的植物”，都能在下面的表格中找到。我们列举了可以使花园更丰富的要素，并按照其使用目的将植物分类，当然光照条件也有清楚地标出，您可以按照需求来选择。

可作为绿茵场的植物

如果使用横向扩展、大面积覆盖地面的植物，就能防止杂草的生长和土壤的流失。这里介绍只在夏季使用的植物。

植物	无日照地块	有散射光地块	短日照地块（上午有阳光）	短日照地块（下午有阳光）	页码
吉祥草	○	○			114
沿阶草	○	○			114
红盖鳞毛蕨	○	○			97
紫金牛	○	○			116
山麦冬	○	○			115
虎耳草	○	○			112
顶花板凳果	○	○	○		116
玉簪（夏季）		○			95
薹草		○			113
矾根		○			110
大叶蓝珠草（寒冷地区）		○			104
岩白菜		○			103
野芝麻		○			109
匍匐筋骨草		○			107
淫羊藿		○	○		105
苏丹凤仙花（夏季）		○	○		118
箱根草（夏季）		○	○		115
彩叶草（夏季）		○	○		118
大吴风草		○	○		112
亮叶忍冬		○	○		98
虾膜花			○		91
萱草（夏季）			○		92
蓝雪花（夏季）			○	○	111

有香味的植物

在花园设计中，香味也是重要因素之一。因为加入了香味植物，让花园有季节感的同时，也变成了让人快乐的空间。

植物	无日照地块	有散射光地块	短日照地块（上午有阳光）	短日照地块（下午有阳光）	页码
玉簪（一般品种）		○			95
香堇菜		○			100
铁筷子（有差异）			○		101
日本茵芋		○			98
欧獐耳细辛日本变种（雪割草）（有差异）			○		101
萎蕤		○	○		107
含笑花		○	○		76
瑞香			○		80
福禄考		○	○		106
蓝铃花			○	○	103
亮叶忍冬		○	○		98
草莓树			○		87
栀子花			○		84
山梅花			○		83
北美鼠刺			○	○	82
金缕梅‘阿诺德诺言’			○	○	76
地中海荚蒾			○	○	81

植物图鉴索引

图书在版编目（CIP）数据

背阴花园设计与植物搭配 / 日本NHK出版编；（日）月江成人监修；光合作用译. —长沙：湖南科学技术出版社，2020.12（2021.6重印）
ISBN 978-7-5710-0731-7

Ⅰ. ①背… Ⅱ. ①日… ②光… Ⅲ. ①花园－园林设计 Ⅳ. ①TU986.2

中国版本图书馆CIP数据核字(2020)第157235号

BEIYIN HUAYUAN SHEJI YU ZHIWU DAPEI
背阴花园设计与植物搭配

编　　者：日本NHK出版
监　　修：[日]月江成人
译　　者：光合作用
责任编辑：李　霞　杨　旻
封面设计：周　洋
责任美编：刘　谊
出版发行：湖南科学技术出版社
社　　址：长沙市湘雅路276号
网　　址：http://www.hnstp.com
湖南科学技术出版社天猫旗舰店网址：
http://hnkjcbs.tmall.com
邮购联系：本社直销科 0731-84375808
印　　刷：长沙市雅高彩印有限公司
（印装质量问题请直接与本厂联系）
厂　　址：长沙市开福区中青路1255号
邮　　编：410153
版　　次：2020年12月第1版
印　　次：2021年6月第2次印刷
开　　本：889mm×1194mm　1/16
印　　张：8
字　　数：202千字
书　　号：ISBN 978-7-5710-0731-7
定　　价：58.00元